KB156718

여행의 사고 하나

여행의 사고 하나

여러 겹의 시간 위를 걷다 — 멕시코·과테말라

윤여일 지음

2012년 11월 26일 초판 1쇄 발행
2018년 9월 15일 초판 3쇄 발행

펴낸이 한철희
펴낸곳 주식회사 돌베개
등록 1979년 8월 25일 제406-2003-000018호
주소 (10881) 경기도 파주시 회동길 77-20(문발동)
전화 (031) 955-5020 팩스 (031) 955-5050
홈페이지 www.dolbegae.co.kr 전자우편 book@dolbegae.co.kr

책임편집 김태권
편집 소은주·이경아·권영민·이현화·김진구·김혜영·최혜리
디자인 이은정·박정영
디자인기획 민진기디자인
마케팅 심찬식·고운성·조원형
제작·관리 윤국중·이수민
인쇄·제본 영신사

ISBN 978-89-7199-511-2 04980
ISBN 978-89-7199-510-5 (세트)

책값은 뒤표지에 있습니다.

이 도서의 국립중앙도서관 출판시도서목록(CIP)은 e-CIP 홈페이지(http://www.nl.go.kr/cip.php)에서 이용하실 수 있습니다. (CIP제어번호:CIP2012005271)

여행의 사고 하나

여러 겹의 시간 위를 걷다—멕시코 · 과테말라

윤여일 지음

멕시코 · 과테말라의 어느 곳

멕시

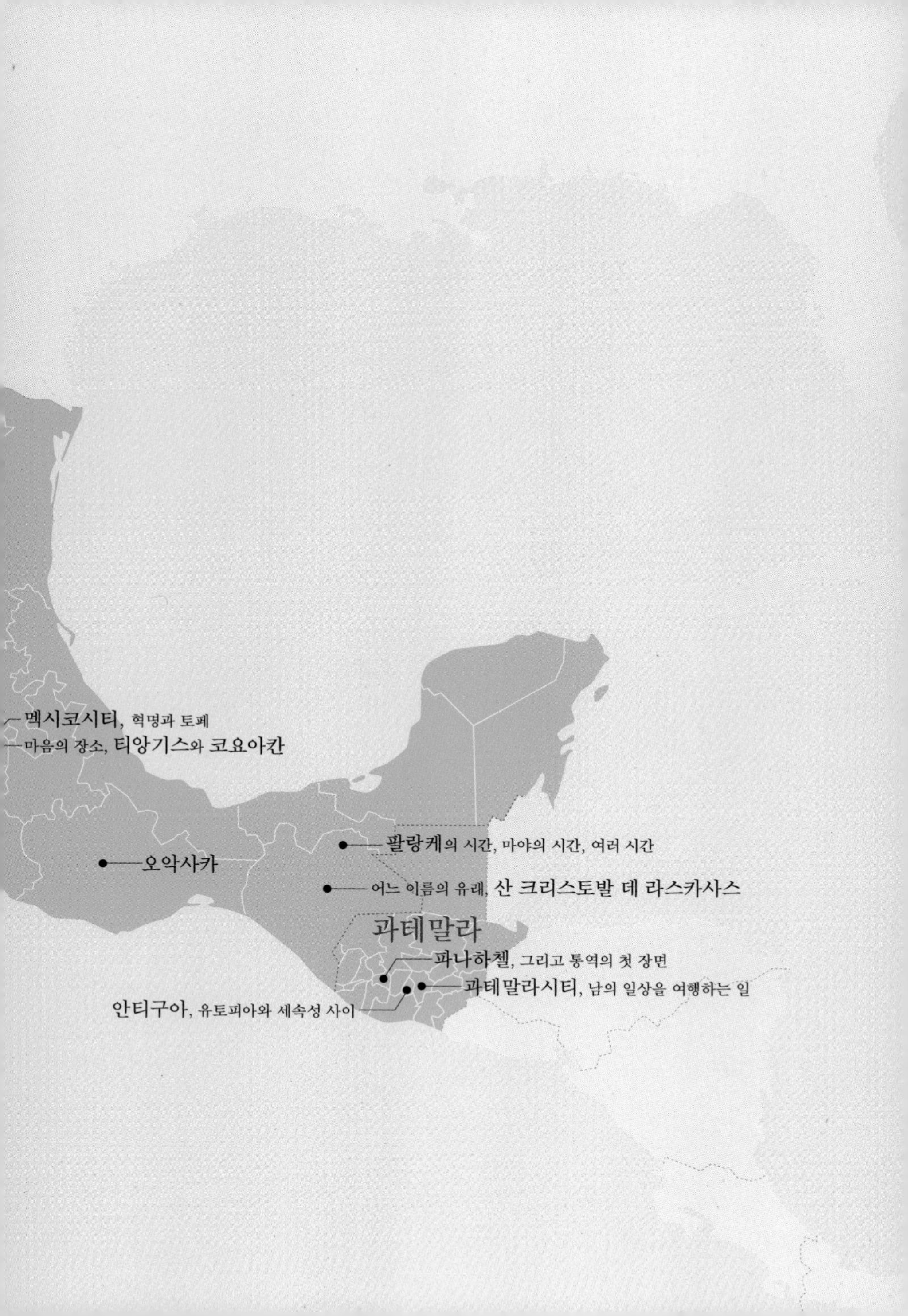

멕시코시티, 혁명과 토페

마음의 장소, 티앙기스와 코요아칸

팔랑케의 시간, 마야의 시간, 여러 시간

오악사카

어느 이름의 유래, 산 크리스토발 데 라스카사스

과테말라

파나하첼, 그리고 통역의 첫 장면

과테말라시티, 남의 일상을 여행하는 일

안티구아, 유토피아와 세속성 사이

차례

BIZZARRO

EZL
Coca-Cola
OPTIEXPRESS
SU RE
NO KE
JUST

1

여행의 사고

"그러고 보면 여행이란 게 이런 건가 보다.
나를 둘러싼 이 황야를 거니는 일이 아니라
내 마음속 황야를 살피는 일이로구나."

—레비스트로스, 『슬픈 열대』

만성적 고향상실증

여행을 생각하도록 이끈 책이자 여행하듯 읽은 책이 있다. 레비스트로스의 『슬픈 열대』. 감수성과 장소성이 함축적으로 어우러진 제목이다. 앞의 인용구도 『슬픈 열대』에서 취했다. 그러나 이 책은 여행서가 아니다. 오히려 그는 "여행이란 게 싫고 탐험가들도 싫다"고 토로한다.

아마도 책의 제목에서 그 사정의 얼마간은 짐작할 수 있으리라. 그는 유럽을 떠나 다다른 열대에서 서구 문명이 저지른 "인류의 단일 재배"를 목도했다. '슬픈'이라는 '열대'의 형용사에는 그 아픈 정감이 어려 있다. 그는 여행이 싫고, 또 탐험가가 싫었다. 탐험가의 발자국을 따라 이윽고 식민자가 들어온 까닭이다. 문명이라는 이름의 야만적 역사, 그에게 여행은 그 슬픈 역사와 맞닥뜨리는 일이었다.

> 여행으로 도피해보았자 우리 존재의 역사상 가장 불행한 모습과 대면하기밖에 더하겠는가? 이 거대한 서구 문명은 분명 지금 우리가 누리는 기적을 낳았다. 하지만 부작용을 제어하는 데는 실패했다. (……) 여행이여, 이제 그대가 우리에게 맨 먼저 보여주는 것은 바로 인류의 면전에 내던져진 우리 자신의 오물일지니.

하지만 그가 여행을 꺼린 이유를 단지 문명의 어두운 그림자와 마주하기가 쓰라렸던 데서만 찾는다면 충분치 않으리라. 떠돌아다닐 운명에 처

한 인류학자였던 그는 여행을 사고의 소재로 삼아 자신을 되돌아봐야 했다. 그에게 여행이란 단지 장소를 옮기는 일이 아니었다. 또한 장소를 옮기더라도 자신의 고국으로부터 고스란히 가져가는 것이 있었다. 레비스트로스는 그 점을 주목했다. 그래서 『슬픈 열대』 곳곳에서 그는 여행자의 시선에 배인 고약한 감각을 문제 삼는다.

레비스트로스가 소위 열대에 발을 들여놓았을 때, 그의 시선에서는 이미 반세기 앞서 윗세대 인류학자들이 거기서 찍어 유럽으로 가져온 사진이 오버랩되었는지도 모른다.

제국주의가 기승을 부리던 19세기 말과 20세기 초, 탐험가도 여행가도 군대의 비호 아래서 소위 현지에 발을 들여놓았다. 그 안에는 인류학자도 끼어 있었다. '인류'를 학문의 대상으로 삼지만 그 '인류'를 어디까지나 '비서구인'으로 한정했던 인류학자들 말이다(이 점은 오늘날의 지역학이 주로 '비서구 지역'을 다룬다는 맥락과도 역사적으로 닿아 있겠다). 그리고 그곳에서 만난 '현지인'을 사진 속에 담아 가져온다.

그렇게 사진을 찍는다. 유럽으로 돌아가 전시하리라는 예감 속에서. 낯설고 기이한 장면일수록 흥미로운 이야깃거리가 되리라. 멋쩍은 표정과 어정쩡한 자세로 포착된 현지인의 사진은 귀엽다거나 가엽다거나, 아무튼 호기심 섞인 반응을 자아내리라. 그들은 사진첩 속에 갇힌다. 유럽인은 현지를 떠나 귀향할 수 있지만, 그들은 노예로 끌려오지 않는 이상 유럽으로 건너오지 못한다. 그들의 모습만이 생활의 맥락에서 뜯겨져 운반된다.

누군가가 카메라는 영혼을 훔친다고 말했듯이.

때로 사진은 구경거리일 뿐 아니라 해석의 대상이 되기도 한다. 그러면 그들의 낯선 모습은 유럽인들의 과거 어느 시기인가를 연상시킨다. 구체적으로 어느 시기인지를 따져볼 필요는 없다. 그저 '과거 어느' 시기로 충분하다. 그리하여 그들의 낯선 모습은 처음 구경꾼들에게 몇 차례 감탄사를 자아내겠지만, 이윽고 낯설음은 알 만한 무엇이 된다.

레비스트로스는 그런 감상이 지닌 폭력성을 민감하게 감지했다. 그래서 그는 여행에 관해 묻는 것이다. 현지 조사를 떠난 인류학자도 탐험에 나선 여행가도 유럽을 벗어났으나 유럽이라는 맥락에서는 벗어나지 않았다. 유럽 문명의 시간관 위에서 낯선 존재의 공간을 내려다본다. 따라서 떠나도 떠난 게 아니다. 낯선 존재와의 만남은 결코 자신의 시선, 자기 사회의 질서에 대한 의문으로 돌아오지 않는다.

이제 첫 인용구의 의미가 보다 분명해지지 않았을까. 그에게 여행이라면, 진정한 여행이라면 자기 마음속 황야부터 살피는 일이어야 했다. 또한 그에게 인류학이라면, 진정한 '인류'학이라면 단선적 시간관에서 벗어나 인류의 일부인 자신과 먼저 대면하는 일이어야 했다. 그는 인류학자를 두고 이렇게 표현한 적이 있다. "자기 사회에 대해서는 비판자이자 다른 사회에 대해서는 동조주의자." 이 어구에서 강조점은 '동조주의자'보다는 '비판자'에 있을 것이다. 그는 다른 사회를 내려다보는 태도만큼이나 자칫 그 사회를 신비화하여 결국 알 만한 대상으로 만드는 태도를 경계했으니 말이다.

여행가는 자신의 문명적 시간관 위에서 낯선 공간을 경험한다. 따라서 그는 떠나도 떠난 게 아니다.

그리고 그는 민족학자를 이렇게 부른 적이 있다. "만성적 고향상실자." 어느 곳에 가든 고향과 같은 안락함을 느끼지 못하고, 그래서 심리적으로 불구 상태에 처한 존재. 이는 물론 인류학자가 자신의 모국을 떠나야 한다는 데서 기인하겠지만, 그가 보기에 진정한 인류학자라면 자기 사회로 돌아와서도 "만성적 고향상실자"가 되어야 했다.

그 '만성적 고향상실증'의 기록인 『슬픈 열대』는 문학책이 아닌데도 노벨문학상 후보로 거론된 적이 있다. 그의 문체는 행간으로 풍부하지만 또한 직설적이고 아름답다. 그러나 아마도 그가 미려한 문체를 갖게 된 것이 재능 덕택만은 아니리라. 저렇듯 깊은 고독감과 그 고독감을 개인의 것으로 남겨두지 않고 사상으로 승화시키려 한 의지의 산물이겠다. 『슬픈 열대』에 담긴 울림 있는 표현들은 자신의 감수성을 부단히 시험대에 올리는 시련 속에서 길어 올린 것들이었으리라.

소비되는 여행

『슬픈 열대』에 관한 서평을 쓸 작정은 아니다. 레비스트로스를 우회해서 꺼내고 싶은 물음이 있는 것이다. 이제 말을 돌리지 말고 묻자. 그가 경계하고 아파했던 여행의 감각이 그저 한 세기 전 유럽의 어느 인류학자들만의 것일까. 물론 이 물음을 곧장 지금의 우리 쪽으로 돌려세운다면 시간적 격차와 문화적 조건의 차이를 간과하는 비약일지도 모른다. 그러나 여행이 곧 관광처럼 불리는 데서는, 그 '관광'이라는 말의 울림에서는 저 물음을 던져야 할 필요성이 느껴진다.

아주 사소한 사례로부터 시작하자. 종종 이런 질문을 받고 어정쩡한 답을 건네곤 한다. "해외여행 어디 다녀왔어요?", "인도, 멕시코, 미국, 태국……", "아, 그래요! 저도 작년 여름 인도에 다녀왔는데."

하지만 곰곰이 생각하면 이상한 대화의 양상이다. 사실 인도라고 해도 내가 다녀온 곳은 중부 지역인 고아와 함피였지만, 상대는 북부 지역인 델리와 바라나시를 다녀왔다. 같은 '인도'를 다녀왔다는 그 반가움에서 얼마만큼의 실감이 공유되고 있을까. 그리고 여행지를 도시나 마을명이 아니라 자연스럽게 나라 이름으로 밝히는 까닭은 무엇일까.

한국이 그다지 큰 나라가 아니어서일 수도, 자기가 다녀온 마을 이름을 대보았자 상대가 알아듣지 못하기 때문일 수도 있다. 하지만 저렇듯 오가는 대화 속에는 어떤 소박한 정복욕도 깔려 있지 않을까. 사실 내가 뉴욕에서 돌아다닌 거리는 면적이 일본 국토의 1퍼센트에 불과한 섬, 오키나와에서 돌아다닌 거리만큼도 안 되지만 "미국에 다녀왔어"라고 말할 때 어느덧 내 머릿속의 세계지도에서 미국은 한 색깔로 채워진다. 그리고 가끔은 나라를 초월하기도 한다. "응, 이번 겨울에는 중남미에 가려고 해. 한국보다 따뜻하잖아." 그리하여 상상의 세계지도에서 이번에는 아메리카 대륙 전체에 하나의 색깔이 입혀진다.

두 번째 사례. 여행을 준비하러 서점에 간다. '세계 여행'이라는 제목을 단 가이드북이 즐비하다. 대개는 나라별로 분류되어 있다. 이따금 장사가 안 되는 곳은 지역 단위로 묶인다. 그 '세계' 속에서 한 권을 뽑아든다. 그러면 그 세계는 주요 관광지, 이동 수단과 경비, 숙박 시설, 맛집 등의 정보로 정리되어 있다. 파리에 가면 에펠탑 관광은 필수이며, 파파야에 가면 코끼리 트래킹이 추천 코스다. 이런 식으로 짜인 가이드북이 아까 사례에서 오간 대화의 양상과 무관하다고는 생각하지 않는다. 여행은 생활 실감의 단위인 마을이 아닌 나라를 오가는 것이며, 사람을 만나기보다는 관광명소를 둘러보는 일이다. 그런데 관광할 만한 곳이라면, 다닐 곳도 사진 찍을 곳도 먹을 것도 쇼핑할 것도 많은 법이다. 가이드북은 정보로 가득 차 있다. 그래서 가이드북을 쫓아다니는 여행은 바빠지게 마련이다.

가이드북을 힐난할 생각은 아니다. 그보다는 가이드북을 활용하는 (때로는 버리는) 여행자의 능력과 감수성이 중요하다고 강조하고 싶다. 그렇지 않고서야 여행은 시간과 경비의 기회비용을 따지는 일이 된다. 즉 소비 행위가 된다. 아마도 '○○투어', '○○패키지' 등은 가장 합리적인 소비의 매뉴얼을 제공해줄 것이다. 그런데 저렇듯 가이드북이나 관광 상품이 경제적인 여행코스로 안내해준다면, 다시 말해 한눈팔지 못하도록, 샛길로 새지 않도록 그야말로 '가이드'해준다면, 그 경우 선택지는 비슷해지고 말 것이다. 시간이 부족하니 우선순위에 놓이는 것은 교환물, 즉 모국으로 돌아가서 말하면 "아! 거기"라는 반응을 얻을 수 있는 곳이 되리라.

여기서 세 번째 사례. 거칠게 말해, 시간과 비용을 투자해 나중에 "아! 거기"라는 반응을 얻으리라는 그 예감의 교환 목록은 어떻게 만들어지는가. 거기서는 단연 미디어의 공로가 크다. 갖가지 여행 정보 프로그램은 그 나라에 가면 방문할직한 관광 명소나 관광 자원을 소개해준다.

그런데 여행 정보 프로그램을 보고 있노라면 나라마다 어떤 위계가 느껴진다. 단적으로 말해 선진국과 후진국으로 분류된다. 가령 패션의 '첨단'을 달리는 밀라노와 동남아로의 '오지' 여행이라는 식이다. 시카고를 방송으로 내보낼 때면 빌딩숲을 보여주며 시작하지만, 캄보디아 편에서는 물고기를 구워 먹는 아이부터 나온다. 그리고 런던 시계탑의 묵직한 울림에서는 역사성이 느껴지는 듯하지만, 멕시코시티 티앙기스 재래시장의 북적거림은 마치 삶이 날것 그대로 튀어나온 듯 묘사된다.

해외여행은 그야말로 국경을 넘어 낯선 곳으로 떠나는 일이다. 하지만 그 낯선 풍경을 마주하기 전에 이미 그 낯설음을 너끈히 소화할 수 있는 든든한 해석틀이 마련되어 있다. 그것은 일종의 문명관이 아닐까. "역시 잘사는 나라더라"라거나 "못살던데"라는 감상 속에서 그 문명관은 가감없이 드러난다. 낯선 곳에 다다르고도 "잘산다"라는 말의 의미를 되묻지는 않는다. 그보다는 이미 알고 있는 얼마나 '잘사는지/못사는지'를 비행기에서 내린 순간 공항의 시설에서 느끼고 거리에 나가 물가로 확인한다. 예상과 다르더라도 그 충격은 기껏해야 "생각보다 못살지는 않던데"라는 반응 안으로 흡수된다.

우리는 낯선 곳에 가지만 그곳은 결국 잘살거나 못사는 나라다. 특히 동남아시아는 비교적 저렴하게 들러볼 수 있는 동시에 한국인에게 일종의 우월감을 안겨 관광 붐이 조성되고 있다. 1, 2만 원짜리 마사지로 육체적 봉사를 받을 때의 느낌. 그 일순의 감각은 미국에서 구입할 수 없는 것

EMPORIO ARMANI
EMPORIO
TAKESHI KANESHIRO

EMPORIO ARMANI
SPECIAL SALE

이다. 액수의 문제가 아닌 것이다. 하지만 우월한 위치에 잠시 서보아도 서구 문명을 향한 갈증은 가시지 않는다.

레비스트로스가 들췄던 저 고약한 여행의 감각은 1세기 전 유럽 인류학자들의 것이지만, 1세기를 지나 지금 그것이 가장 일반화된 곳은 다름 아닌 소위 '중진국'일지 모른다. 그리하여 앞서 상상의 세계지도에서 그 나라가 한 가지 색깔로 칠해졌다면 이번에는 문명의 시계열 속에서 한 가지 색깔이 덧칠된다. 두 차례의 색칠로 그 사회가 지닌 복잡한 지역성과 시간성은 가려지고 만다.

여행의 사고

이렇듯 소비가 된 여행에서 소비되는 것은 시간과 돈만이 아니다. 거기서 살아가는 구체적인 한 사람 한 사람이 부대껴 지내며 일궈놓았을 삶의 논리와 가치들도 가벼운 경험담 속에서 소비되고 있지 않을까. 그리하여 여행이 품고 있을지 모를 어떤 가능성 역시 소비되고 있지는 않을까. 그 여행의 가능성을 찾아 다시 레비스트로스로 우회하자.

『슬픈 열대』에서 레비스트로스는 루소를 주목했다. 그에게 진정한 인류학은 우선 익숙한 자신을 거부하는 데서 시작되어야 했다. 그런데 루소는 "나는 타자다"라는 표현을 선취했다는 것이다. 확실히 루소는 자신을 삼인칭으로 대상화했다. 그리고 루소의 『사회계약론』에 등장하는 '자연 상태'라는 가정도 그런 자연 상태가 실제로 존재하느냐는 추궁에 시달리고 원시 상태를 찬미한다는 비난에 휩싸이기도 했지만, 자기 세계를 되돌아보는 '방법'으로서 도입된 것이었다. 그 점에서 레비스트로스는 루소를 "모든 철학자들 가운데서 가장 민족학자에 가까웠던 사람"이라고 상찬한다.

반면 데카르트에게는 혹독한 비판을 가했다. 데카르트의 "나는 생각한다. 고로 나는 존재한다"라는 코기토에 관한 명제는 너무도 유명하다. 그러나 레비스트로스는 데카르트의 코기토가 심리학적이고 개인적인 틀 속에 머문다고 지적한다. "나는 존재한다. 그렇지만 결코 한 명의 개인으로서 존재하지 않는다"라고 말했을 때 레비스트로스가 겨냥하는 대상이 누구이며 무엇인지는 너무도 분명하다. 그러나 데카르트의 『방법서설』을 읽어보면, 의외로 여행에 관한 언급이 자주 나올 뿐만 아니라 무엇보다 '여행의 사고'가 레비스트로스와 닮은 구석이 있다. 나는 철학에 문외한일뿐더러, 더구나 데카르트에 관해서라면 새로운 해석을 내놓을 능력이 있을 리 없다. 다만 그의 '여행의 사고'는 살펴보고 넘어가고 싶다. 근대적 '주관론' 내지 '주체론'의 시조로 간주되는 데카르트이기에 더욱 그렇다.

잠시 레비스트로스로 돌아가자면, 그에게 진정한 여행이란 단순히 지리적 이동이 아니었다. 맥락의 전환을 의식하는 행위여야 했으며, 그렇지 않고서야 여행지는 자기 세계의 연장이 될 뿐이다. 맥락의 전환을 의식하려면 자기 존재를 되묻고 자기 사회의 사고 체계를 의심할 필요가 있었다. 그런데 데카르트에게도 그런 성찰이 있었다. 아니, 데카르트야말로 그런 성찰을 했다. 더구나 그 성찰은 장소의 이동 가운데 이루어졌다. 언젠가 그 장소는 더 이상 물리적인 장소를 의미하지 않게 되지만 말이다.

나는 지금으로부터 정확히 8년 전에 나를 아는 모든 사람을 피해 여기에 오기로 결심했다. 오래 지속된 전쟁 덕분에 훌륭한 질서가 세워진 이 나라의 군대는 사람들이 안식하고 평화의 결실을 누릴 수 있도록 봉사하는 것처럼 보였다. 여기서 나는 남의 일에 호기심을 갖기보다는 자기 일에 열중하는 활동적이며 위대한 국민들과 함께 대도시의 편리함을 만끽하면서도 가장 먼 황야에 있는 것처럼 유유자적하는 은둔 생활을 할 수 있었다.

데카르트가 말하는 "이곳"이란 네덜란드다. 데카르트는 프랑스에서 "나를 아는 모든 사람을 피해" 네덜란드로 왔다. 『방법서설』을 집필하기 전이었다. 당시 네덜란드는 상업이 발달한 도시국가였다. 하지만 데카르트는 네덜란드에 와서도 그곳에 속하지 않았다. "가장 먼 황야"처럼 대했다. 여기서 예의 '만성적 고향상실자'를 들먹인다면 너무 서두르는 것일까. 자, 이어지는 단락을 보자.

또 그 후에 여행을 하면서 우리와 반대되는 감각을 갖는 사람이라고 해서 모두 야만스럽고 미개한 것이 아니며, 그 가운데 많은 사람은 우리 못지않게 혹은 우리 이상으로 이성을 사용하고 있다는 사실을 알게 되었다. (……) 그러므로 우리를 설득하는 것은 확실한 인식이 아니라 관습이나 선례라는 것, 그리고 좀처럼 발견하기 힘든 진리에 대해서는 그 발견자가 민족 전체라기보다는 단 한 사람이라고 생각하는 편이 훨씬 더 사실에 가깝다고 생각했기에 그 진리에 동의하는 사람이 많다고 그 진리성이 만족스럽게 증명되는 것이 아님을 깨달았다.

계속되는 이동은 데카르트에게 간헐적인 섬광으로 다가왔다. 자신의 내면을 통찰하는 계기가 되었다. 사실 위와 같은 문구에서 데카르트는 철학자보다는 인류학자에 가깝다는 인상이다. 적어도 그는 골방에 틀어박혀 책을 내놓지는 않았다. 걸어다니며 묻고 사유했다. 그것도 9년씩이나. "9년 동안 세상에서 연출되는 연극 속에서 연기자보다는 관객이 되려고 노력하면서 이곳저곳을 떠돌아다녔다." 그는 '연극'을 의심했다. 앞서의 인용구에서 밝혔듯이 자명하다고 여겨온 것이 진리가 아닌 관습이나 선례는 아닌지 의심했다. 그리고 진리는 추종하는 자가 많다고 진리로서 판명되는 것이 아니었다. 차라리 진리에 다가가는 것은 고독의 여정이다. 그러나 다시 말하건대 그 고독은 이동을 감행할 때 얻을 수 있는 고독이다.

이제 그는 땅 위에서만 이동하지 않는다. 『방법서설』이나 『성찰』에 등장하는 익히 알려진 내용이지만, 그는 자신이 꿈을 꾸고 있을지도 모른다고, 환영을 보고 있을지도 모른다고 생각했다. 그는 그렇듯 어제로부터 이어지는 오늘과 방금 전으로부터 넘어오는 지금을 의심하며 연속된 시간에 균열을 내어 복수의 시간들 사이로 이동을 감행했다. 물론 저 꿈은 눈을 뜬 채로 꾸는 꿈이었다. 즉 나는 스스로 생각하는 것 같지만, 실제로 그것은 기존의 선입견과 학설이 내준 것에 불과하지 않은가 의심했다. 옳다고 믿는 것은 방금 전까지 옳다고 믿어왔기 때문이 아닌지 의심했다. 그는 그렇게 낯설음의 충격을 익숙함 속으로 끌어들이려 노력했다.

여기서 다시 저 데카르트의 유명한 명제로 돌아가자. "나는 생각한다. 고로 나는 존재한다." 여기서 "나는 생각한다"를 강조하면 '주관성'이 추출되고 "나는 존재한다"에 중점을 두면 '주체성'이 나온다. 그리고 전자에서 근대 합리주의의 인식론, 후자에서 이후 실존주의가 움텄다고들 한다. 그러나 그것이 무엇이건 간에 데카르트의 코기토라면 "생각한다"는 끝없는 회의여야 하며 "존재한다"는 안주할 수 없는 이동이어야 한다. 끊임없이 사유하고 그 사유를 의심하며 존재는 재구성되어야 한다. 그 운동이 멈춘 자리에서 데카르트의 코기토는 철학서 속에서 정리되는 서구 근대철학의 '일반 원리'로 응고되고 말았는지 모른다.

그러나 여기서 밝히고 싶은 것은 데카르트의 철학이 아니다. 다만 서구 근대철학의 '기반'을 닦아놓았다고 하는 데카르트라고 할지언정, 그 사고의 기반에는 어떤 유동성이 감돌고 있으며, 어쩌면 거기에 여행의 가능성이 잠재해 있는 건 아닌지 생각하는 것이다.

공空=간間의 여행

사실 데카르트를 저렇게 읽어본 데는 일본의 비평가인 가라타니 고진에게 힘입은 바가 크다. 그 내용은 『탐구』에 담겨 있다. 그리고 그 책에서 가라타니 고진은 여행을 사고할 때 도움이 되는 한 가지 발상도 제공했다.

그는 공간을 '공空=간間'이라고 바꿔 읽었다. 말장난처럼 보일지도 모르겠다. 또한 이 내용을 풀이하자면 그리스 철학으로 거슬러 오르는 그의 사상적 행보를 따라가야 하겠다. 그러나 여기서는 그의 의도만을 확인해두자. 그는 '공空=간間'을 통해 지리적 공간이 아닌 인식론적 공간을 탐색하려 했다. 공空, 즉 '비어 있다' 함은 세계가 이미 어떤 의미로 들어차 있다는 전제에서 벗어나기 위한 표현이며, 간間, 즉 '사이'는 경계를 넘어설 때 발생하는 어떤 종류의 전환을 민감하게 의식하기 위한 표현이다.

이제 다시 해외여행으로 돌아오자. 해외여행은 자기 사회가 아닌 곳을 간다는 의미에서 특수한 경험이다. 익숙한 자신을 이끌고 낯선 곳으로 떠나는 일이다. 거칠게 말해 그 경험은 두 가지 방향을 품고 있다. 첫째, 자신이 예상하거나 알고 있는 일을 확인하는 여행이다. '이국적인' 체험도 '이국적인' 채로 결코 낯설지 않다. 둘째, 자신의 앎과 감각이 의문으로 다가오는 여행이다. 이 경우에는 익숙하다고 여겨온 것마저 의미와 색깔이 바뀔지 모른다. 그리하여 인류학의 행보에 식민적 인류학과 레비스트로스의 인류학처럼 다른 갈래의 길이 있듯이 여행도 두 방향을 간직하고 있다.

낯선 대상을 범박하게 처리하는 개념이 되고 말까봐 아껴두었지만, 여행은 '타자'에 대한 시선을 바꿔놓을 잠재성을 지니고 있다. 또한 추상적으로 흐를까봐 저어되는 말이지만, 세계를 규모가 아니라 무수한 질적 경

승려들, 걷다

계와 차이, 그리고 그것들이 빚어내는 사건들로 보도록 이끌 수도 있다. 하지만 그 체험, 곧 그 낯설음과의 만남을 위해서는 만남의 맥락을 스스로 구성해야 하는 힘겨움이 따르리라.

그리하여 나는 내가 꺼리는 여행을 늘어놓고 싶다. 속되게 표현하자면, 경치나 풍물을 눈에 바르는 여행(그야말로 관광), 그리하여 관광객의 시선에 머무르는 여행, 그리하여 한 번 찍었으니 두 번 다녀올 필요가 없는 여행, 현지 사회의 역사와 고유한 맥락을 무시하는 여행, 그래서 꼭 이곳이 아니라 저곳을 다녀왔어도 되는 여행(가령 역사적·문화적 조건은 다르지만 따뜻한 남쪽 섬이라는 점에서 "하와이나 오키나와나"), 이리저리 난폭하게 문명의 잣대를 들이대는 여행, 자신의 시간 위에서만 배회하는 여행, 그래서 결국 자신이 바뀌지 않는 여행.

그러나 역시 정작 적어보고 싶은 것은 내가 원하는 여행이다. 나라 단위가 아니라 마을 단위에서 생활 감각을 체험하는 여행, 자신의 감각과 자기 사회의 논리를 되묻게 만드는 여행, 현지인의 목소리를 듣지만 그것을 함부로 소비하지 않는 여행, 카메라를 사용하되 그 폭력성을 의식하는 여행, 마음의 장소에 다다르는 여행, 물음을 안기는 여행, 길을 잃는 여행, 친구가 생기는 여행, 세계를 평면이 아닌 깊이로 사고하는 여행, 마지막으로 자기로의 여행.

2

팔랑케의 시간, 마야의 시간, 여러 시간

여행이 시작되다

2008년 9월 24일. 멕시코시티로 향하는 길에 LA를 경유했다. 비행기를 갈아타고 나서야 노트가 없어졌다는 사실을 알아차렸다. 이번 여행은 글로 남길 작정이었다. 그래서 여행에 나서기 전에 자료를 찾고 글감들을 노트에 적어두었다. 그것을 잃어버린 것이다. 서두르다가 비행기 안에 두고 내린 모양이다.

맥 빠져 있자니 지난 일이 떠오른다. 2년 전 멕시코시티에서 서울로 돌아오며 시애틀을 경유했는데, 그때도 이동식 하드디스크를 잃어버렸다. 전에 쓰던 노트북은 용량이 부족해 멕시코로 가기 전에 용산 전자상가의 한 업체에 맡겼는데, 서울로 돌아와보니 하드디스크 공간을 늘려놓았을 뿐만 아니라 전에 쓰던 하드디스크를 포맷해버린 상태였다. 시애틀에서 잃어버린 이동식 하드디스크에는 그간의 글이 모두 백업되어 있었다. 그리하여 졸지에 써놓은 글이 몽땅 날아간 것이다.

속상했다. 하지만 파일들이 사라지고 나니 그때까지 어떤 글을 써왔는지 도통 기억나지 않는다는 사실이 더욱 기가 찼다. 외부의 저장장치에 의존하지 않고서는 상기해내지 못하는 문장들을 써왔구나, 결국 자기 몸에 남지 않는 지식들과 씨름하고 있었구나 생각했다.

두 번째 벌어진 일이니 이번에는 다소 여유로워진 것일까. 기왕 노트를 잃어버린 바에야 여행길에서 직접 체험하기 전에 섣불리 그 장소의 의미를 정해두지 말라는 계시 정도로 여기기로 했다. 그런데 이처럼 개연성도 없는 사건을 포개고 의미도 부여해보는 나 자신을 보고 있자니 그 들썩임에 여행은 시작되었나 보다.

사고의 절차와 덕德

이번 여행은 주로 멕시코 남부의 치아파스 주와 과테말라의 몇몇 도시를 다닐 계획이다. 사실 그 여정을 글로 담아내기에 내 능력은 턱없이 부족하다. 먼저 나는 멕시코와 과테말라에 관해 정말이지 문외한이다. 몇 년 전인가 중남미 문학을 강의하시는 선생님과 식사할 기회가 있었다. 처음 뵙는 자리이기도 해서 어색한 분위기를 걷어내려 주섬주섬 꺼낸 질문이란 게 "선생님, 지금 중남미 상황은 어떤가요?"였다. 그분은 "중남미에 몇 개의 나라가 있는 줄 아나요?"라고 답하시고는 브라질만으로도 서유럽 전체 면적과 맞먹는다고 알려주셨다. 그날 주제넘게 꺼낸 질문은 여전히 부끄러운 기억으로 남아 있지만, 현지 사정에 어둡다는 사실은 그다지 달라지지 않았다.

나는 스페인어를 할 줄 모른다. 여행을 하면서 거기서 만난 사람들과 대화를 나눌 수 없으며 하물며 간판조차 읽지 못한다. 다행히 이번에는 통역해주실 분이 동행할 예정이지만, 여러모로 그 여행길의 정보제공자 역할을 맡기는 어렵다. 그 장소를 두고 꺼내는 한 줌의 지식은 주워듣고 나서 되새김질 없이 꺼내는 날것의 상태일 터이며, 그 장소에서 전해 들었다고

기록하는 말들은 통역을 거쳐 한 번 걸러진 이야기다. 따라서 내가 "~이다"라고 말해보았자 실은 "~이라고 한다"라는 전언의 형태를 갖추고 있을 수밖에 없다.

그러나 나는 그 능력의 부족함에서 출발하고 싶다. 그 부족함을 제약인 동시에 가능성의 조건으로 삼아 거기서 표현을 건져 올리고 싶다. 마치 요가처럼. 요가에서는 남들에 비해 '잘한다/못한다'가 별 의미를 갖지 않는다. 무릎까지 내려가던 팔이 발목에 닿을 수 있는지를 재는 척도는 늘 자기 몸 안에 있다. 자기 몸의 한계치가 바로 다음 일보를 내딛는 출발점이 된다. 요가처럼 부족함을 부족함대로 받아들이며 거기서 출발하고 싶다.

그리하여 나는 하나의 이미지를 그린다. 낯선 텍스트를 접한 독자의 이미지 말이다. 나는 장소를 텍스트로 삼아 한 명의 신중한 독자가 되고 싶다. 어떤 이는 낯선 텍스트를 대할 때 자기 마음에 드는 일구一句만을 건져간다. 어떤 이는 행간을 읽어내기도, 전체상을 움켜쥐기도 한다. 장소가 텍스트라면 행간은 그 장소를 살아가는 사람들이 알게 모르게 직조해내는 삶의 논리일 테며, 전체상은 역사에 값하리라.

그렇듯 장소를 텍스트로 삼는다면, 배경지식과 언어 능력이 부족하다는 사실은 종이로 된 텍스트를 읽을 때보다 행간과 전체상을 읽어내는 데 더 큰 제약으로 작용하리라. 또한 장소를 텍스트로 삼는다면, 그 텍스트의 템포에 발을 맞추고 굴곡을 살피고 깊이를 탐사하기란 더욱 풍부하고도 민감한 감수성을 요구하리라. 그리고 그만큼 매력적이며, 그만큼 더한 사고의 훈련이 되리라.

어학 실력과 배경지식의 부족함이 안길 제약을 자각하기로 마음먹은 위에 여행에 나서며 어떤 원칙을 세워두고자 한다. 현지 사정을 모르는 탓에 경솔해지거나 일반화의 우를 범하기 십상이기 때문이다. 사실 원칙보다는 스스로에 대한 바람이라고 해야 할 텐데, 나는 기존에 지니고 있던 앎으로 구체적인 생활의 장소를 내리누르는 일을 피하고 싶다. 인문학적 취미에 기대어 한 장소를 쉽사리 의미로 포장해 내놓는 일도 경계하고 싶다. 그런 일들이 오히려 사고의 퇴로가 될 수 있음을 알고 있기 때문이다. 그리하여 그 장소에서 의미를 발견하는 데 실패한다면 그 방황과 곤혹스러움을 가감 없이 토로하고, 다시 그 어려움을 사고의 소재로 삼고 싶다. 그리하여 정리된 결론보다는 결론에 다다르지 못할지언정 생각이 거쳐 간 절차들을 적어보고 싶다.

이처럼 장소를 매개로 삼아 자신의 사고 속으로 여행을 떠나고, 자신의 사고를 매개로 삼아 장소를 옮겨 다니려면, 장소를 맞닥뜨릴 때 어떤 사고의 절차가 필요하리라 생각한다. 그것은 적어도 눈(보고)과 가슴(느끼고), 머리(판단하고) 그리고 몸에 배어 있는 습속(반응하는) 사이의 관계가 즉흥적이지 않도록, 그것들 사이에서 의미의 교환이 이루어질 때 그 절차를 되도록 면밀하게 살피는 일이라고 생각한다.

그다지 근거를 갖고 내놓을 수 있는 발상은 아니지만 한자어 덕德은 그 절차의 복잡함을 하나의 가치로서 형상화하고 있는 글자이지 않을까. 덕德을 행동(彳), 눈(目), 마음(心)에 복수(十)라는 의미가 결합된 글자로 이해한다면 보고 느끼고 행동할 때 복수의 맥락을 의식해야 함을 일깨워주고 있지 않을까. 괜한 해석일망정 어학 능력도 배경지식도 부족한 자가 낯선 곳을 다닐 때 필요한 '미덕'이란 그 한계를 조건으로 삼아 보고 느끼고 판단하고 반응하는 과정 사이의 절차를 곱씹는 일이겠다.

정글 안의 유적지, 팔랑케

멕시코시티는 이번이 세 번째다. 재작년부터 매해 잠시 다녀갔다. 하지만 당장의 여정에서 멕시코시티는 경유지일 뿐 목적지는 팔랑케다. 오후 8시에 멕시코시티에 도착해 다음 날 새벽 비행기에 몸을 싣는다. 비행기는 한 시간 반 만에 비야에르모사에 떨어졌다. 비야에르모사는 팔랑케가 있는 치아파스가 아니라 이웃 주州인 타바스코에 속해 있다. 멕시코 최고의 고고학 박물관이 있다고 들었지만, 팔랑케에서 직접 마야의 유적을 보고 싶은 마음이 급하다. 비야에르모사에서 두 시간가량 버스를 타고 치아파스로 넘어가 팔랑케에 도착했다. 유적지와 가장 가까이 위치한 숙소인 마야벨에 짐을 풀고 바로 유적지로 나선다. 유적지는 정글 안에 있다. 사실 정글에 와본 일이 처음이니 이런 풍경을 정글이라 부르는구나 싶다.

팔랑케는 울타리라는 의미의 스페인어로, 원래는 바칼이라 불렸다. 팔랑케는 기원전 100년경에 도시를 이루기 시작해 기원후 630년에서 740년 무렵에 번창했다. 파칼의 통치 기간이 절정기였다. 파칼은 태양과 방패의 체현자라는 뜻이다. 현재 팔랑케에서 볼 수 있는 건축물은 대개가 그때 지

팔랑케의 유적은 내부세계에 사로잡힌 채 외부환경으로부터 버려졌다. 7세기에 절정에 달한 문명을 11세기에 밀림이 삼켜버렸고 지난 세기에 팔랑케는 다시 발견되었다. 팔랑케는 이곳을 서로 차지하려는 인간과 밀림의 경쟁적 욕구 사이에 내맡겨져 있다.

어졌다고 한다.

비행기를 세 번 갈아타 팔랑케에 다다르고도 그 모습을 묘사하지 못한 채 주워들은 정보로 대체하는 까닭은 신전들이 버티고 있는 그 규모를 형용할 수 없어서다. 그 규모란 상상의 영역까지를 포함한다. 현재 팔랑케는 자신의 자태를 전부 드러내지 않은 상태다. 1746년 스페인의 성직자 안토니오 데 솔리스가 유적을 발견하고 나서 정글 속에 가려져 있던 팔랑케는 조금씩 베일을 벗었지만, 아직도 많은 부분이 풀과 나무로 덮여 있다. 가이드가 일러주기를 재정 사정으로 발굴되지 않았다고 한다. 언뜻 보아도 유적지가 그대로 잠들어 있을 둔덕들이 눈에 들어온다. 모두 모습을 드러낸다면 그것은 지금으로는 상상으로만 가늠할 수 있는 규모겠다.

그러나 다 발굴되더라도 옛 모습을 되찾을 수는 없으리라. 시간의 풍화를 겪은 것은 기둥과 계단만이 아니었다. 그보다 앞서 색칠이 벗겨져 나갔다. 마야인은 빨강과 파랑색을 건축물에 입혔다고 한다. 드문드문 그 빛깔이 남아 있는데, 사실 빨강과 파랑이란 단어는 그 미묘한 색감을 담아내지 못한다. 이 웅장한 세계 전체에 그 색깔이 입혀져 있다면, 그리고 정글로 들어서다 불현듯 그 세계를 마주하기라도 한다면, 한순간 숨을 멈추게 되리라. 그 순간 자신이 지니고 있던 무언가를 내려놓게 되리라.

건축물을 뒤덮고 있던 의미들도 시간에 깎여나갔다. 신전의 곳곳에는 정성스레 갖은 문자가 장식되어 있다. 팔랑케라는 세계는 의미가 뿜어져 나오는 곳이었다. 그러나 시간과 자연은 그들이 입힌 색깔과 새긴 문자들을 다시 벗겨내고 있다.

우기였다. 비가 거세지는 바람에 유적지에서 오래 머물지 못하고 발걸음을 돌린다. 마야의 캐릭터물이라고 해야 할까. 입구에 진열된 상품들에서 단연 눈에 띄는 것은 파칼 무덤의 덮개를 축소해놓은 비석이다. 이 덮개는 1952년 멕시코 고고학자 알베르토 루스 륄리에가 발견했다. 가운데 안치되어 있는 자가 파칼이다.

신성한 나무가 십자형으로 파칼을 받들고 있으며, 그가 뉘어 있는 해골 형상은 지하 세계를 상징한다. 당시 팔랑케의 마야인들은 죽으면 나무로 환생한다는 믿음을 가지고 있었다고 전해진다. 이 덮개에도 역시 의미를 꾹꾹 새겨놓았는데, 테두리의 장식들은 제각각 하나의 세계를 형상화한다. 왼쪽은 순서대로 어둠, 금성, 뱀, 화성, 카 윌리 신과 달 등을, 오른쪽은 하늘, 태양, 이짬나흐 신, 새, 화성, 어둠, 부폰 신, 태양, 하늘 등을 의미한다. 위아래로는 파칼의 길동무가 되기 위해 함께 매장된 이들의 형상이 새겨졌다.

⬅ 시간의 색을 담은 팔랑케의 신전 벽면.

➡ 파칼 무덤의 덮개를 축소한 비석.

❶ 파칼의 석부조.

❷ 파칼의 데드 마스크. 경옥을 모자이크하여 만든 가면에 석과 조개로 만든 눈이 박혀 있다.

❸ 마야 문자. 이런 뜻이다.
"우 15일. 팔랑케의 나후알. 키니치 칸 발람 II세의 지존여, 마니크 9일째 되는 날 그는 권좌에 앉았다. 공놀이자, 성스러운 군주."

이 설명은 유적지 박물관에서 접할 수 있었다. 낯선 곳에서 내 신장을 아득하니 초월한 사물을 대하노라면 상상력은 그 대상에 쉽게 범접하지 못한다. 박물관에서 내 상상력이 수용할 만한 크기의 대상을 만났다. 마야 문자다. 그 형상들은 정말이지 앙증맞아서 보고 있노라면 누구라도 한번 피식 웃고는 우스운 연상으로 이어나갈 것이다.

문자라면 반복의 구조를 지니며, 한 가지 형상은 어떤 규칙에 근거해 몇 가지 요소로 분절될 수 있어야 할 터. 처음에는 마냥 그림 같았지만 가만히 보고 있자니 확실히 몇 가지 표정이 반복되고 있었으며, 머리에 이고 있는 작대기나 원은 기호를 이루는 듯했다.

박물관에 한 가지 해독되어 있는 문자가 있어 소개한다.

"우 15일"은 764년 3월 4일로 밝혀졌다. "나후알"은 동물의 모습으로 화할 수 있는 능력자를 뜻한다. 그 능력자인 "키니치 칸 발람 II세"는 파칼의 아들이자 후계자였다. 그는 재규어와 뱀을 체현한다. 팔랑케의 정치적·경제적 팽창과 예술적 발전을 이끈 인물로 전해진다. 하지만 저 마야 문자에서 위의 문장이 나온다니 여간해서 믿기지 않는다. 괜한 의심만은 아니겠다. 실제 마야 문자는 그 전체 체계를 밝히기에는 남아 있는 자료가 너무 적다고 한다.

마야인의 연대기와 예언을 해석하는 토대가 된 책이 『유카탄 반도의 사물들에 관하여』이다. 이 책은 1863년 마드리드의 스페인 왕립 역사학회 고문서 보관실에서 발견되었다. 책 속에는 마야 문자와 라틴 문자를 대조한 일람표가 들어 있었다. 저자는 디에고 데 란다. 스페인의 군대와 함께 아메리카 대륙에 발을 디딘 선교사였다. 마야 문명을 접하고는 그들의 풍속을 기록하고 문자를 조사했지만, 동시에 야만과 이단으로 여겨 신상과 성전, 비석을 불사른 장본인이기도 하다. 그리하여 오늘날 전해지는 마야 문서는 사본 세 필뿐이라고 한다.

기록을 남기면서 불사른 그 이중성은 무엇을 뜻하는가. 여느 침략자들이 그러하듯 정복욕인가, 아니면 선교사가 품은 독선인가, 혹은 학자로서 지니는 해석의 독점욕인가. 그것도 아니라면 불사르리라는 예감에도 불구하고 기록을 남겨둬야 한다는 어떤 사명감을 느꼈던 것일까.

마야의 시간

표정이 풍부한 마야 문자는 여전히 해석을 기다리는 듯하다. 마야 문자를 대하는 이들은 그 문자에 새겨진 표정들만큼이나 다양한 반응을 보이리라. 그리고 그 숱한 해석에도 불구하고 마야 문자는 좀처럼 자신의 비밀을 내어줄 것 같지 않다.

마야 문자를 해독하는 비문학碑文學은 1970년대부터 비약적으로 발전했다. 그 성과는 발굴 단원인 아버지의 어깨 너머로 마야 문자를 보고는 아홉 살에 벌써 해독하기 시작한 데이비드 스튜어트와 같은 천재적 연구자에게 힘입은 바 크다. 어쩌면 고도의 의미 체계로 구축된 마야 세계가 후세의 천재들을 부르고 있는지도 모르겠다.

마야의 그림문자. 잉카에는 끈을 엮어 의사소통하는 결승문자가 있었으나 남아 있지 않고, 아스테카는 글자가 있었으나 역사를 기록하지 않았는데, 마야는 문법을 갖춘 그림문자로 기록을 남겼다. 마야가 멸망하던 시기 유카탄 지방의 주교로 있었던 데 란다는 이렇게 말했다. "우리는 미신과 악마의 희롱으로 가득 찬 마야의 책들을 보이는 대로 불태웠다. 그럴 때 인디오들이 슬퍼하는 모습은 차마 볼 수 없을 지경이었다." 그는 마야의 모든 문서를 이교도의 것이라며 불태웠지만, 동시에 『유카탄 유적들 간의 상호관계』라는 책에 마야의 존재를 기록으로 남겼다.

그렇게 마야 문자가 얼마간 해독되자 마야인의 종교 의식과 역사관이 세상의 주목을 받았다. 알려져 있다시피 마야인은 두 종류의 역歷을 사용했다(사실 "알려져 있다시피"라고 말하지만, 이번에 차분히 알아보기 전에는 그것이 마야의 것인지 잉카의 것인지 헷갈리고 있었다). 하나는 농경을 위한 역인 '하아브'로 1년을 365일로 계산했다. 마야인은 1년이 365.2420일이라고 밝혀냈다. 오늘날 정밀한 조사로는 365.2422일이니 불과 17.28초밖에 차이가 나지 않는다. 또 한 가지는 종교력인 '촐킨'인데 260일이 주기다. 성스러운 시간과 세속의 시간은 공존하며 생활을 떠받친다. 그렇다고 두 레일 위를 달리는 기차처럼 평행하게 가는 것이 아니라 잠재적인 형태로 꼬여 있다. 두 가지 역은 52년을 주기로 하나의 순환을 이룬다.

또한 '툰'이라는 장기력도 있다. 이 장기력은 기원전 3114년 8월 13일에 시작되어 서력 2012년 12월 22일에 끝에 다다른다. 마야인이 그 이후의 시간을 계산하지 않았다는 사실이 곧장 인류의 종말을 예언했음을 뜻하지는 않는다. 하지만 그들이 천체 관측에서 보여준 정밀함은 마치 종말론의 과학적인 증거인 양 간주되어, 오늘날 마야의 시간은 종말론의 색채가 덧칠되어 해석되고 있다.

소위 마야인의 종말론을 둘러싸고는 여러 설이 있다. 기계에도 영혼이 있음을 깨닫지 못하고 함부로 부리다가 인류가 기계에 역공을 당하리라고 예언했다거나, 그들은 금성에서 왔는데 소행성이 지구에 충돌할 것을 예견하고 지구를 떠나 금성으로 되돌아갔다는 설 등. 그런데 어느 설이나 가만히 들어보면 마야인을 인류로부터 분리해내고 있는 듯하다.

파칼 무덤의 덮개를 두고도 그런 해석이 등장했다. 덮개를 가로로 기울여보자. 그러면 신성한 나무는 우주선으로 바뀌고 해골의 형상은 뒤로 불을 뿜는 듯하다. 즉 파칼이 인류 종말의 시기에 우주선을 타고 금성으로 날아간다는 이야기란다.

사실 마야인의 역만으로는 그들이 어떤 종국을 예견했는지 알 수 없다. 다만 우리는 스페인 정복자들이 가져온 전염병으로 그들이 떼죽음을 당했으며, 저렇듯 숱한 의미들로 뒤덮인 자신들의 터전에서 추방되었다는 사실을 알고 있다. 그리고 저 팔랑케의 건축적 특성과 마야 문자로부터 그들이 개체의 죽음을 자기네 역사 안에서 하나의 의미로 새기고, 거대한 순환 속에서 자기 삶을 반추했다는 점을 짐작할 수 있다. 그 역사와 거대한 순환을 형상화한 것이 팔랑케와 같은 공간이었으리라. 그런데 그들이 자기 삶과 밀착된 공간에서 추방당했던 때, 그들의 모든 과거와 미래를 응축해 현재화하는 공간을 잃어버렸던 때, 그들은 죽음의 의미와 죽을 장소마저 잃어버리지 않았을까. 정복자들은 그들을 살해해 생명을 빼앗고 그들을 추방해 죽음까지 빼앗았다.

문명으로 잴 수 없는 시간들

유적지 박물관에서 마야 문자는 보았지만 접하지 못한 단어가 있다. 바로 '마야 문명'이다. 내가 아는 한 한국어와 영어, 일본어에서 마야인이 지녔던 삶의 양식은 마야 문명The Maya civilization이라고 표기한다. 하지만 스페인어로 소개된 박물관에서는 '문명'에 해당하는 어휘를 찾을 수 없었다. 그저 마야라고 적혀 있었다. 혹은 다른 책자를 보면 마야 세계Mundo Maya라고 되어 있었다.

멕시코에서 사회과학을 공부하고 있는 친구에게 물어보니 멕시코에서 문명은 1492년 이후에 시작되었다고 인식하고 있으니 마야를 문명으로 부르지 않을 거라고 일러주었다. 분명 거기에는 고유한 현지의 사정이 있겠다. 그리고 문명과 문화라는 말의 용법을 따져 물어야 할 복잡한 맥락이 있을지도 모른다. 하지만 팔랑케로 오기 전 비행기에서 봤던 영화가 〈인디아나 존스〉였던 탓일까(더구나 LA로 향하던 비행기였다). 나는 '문명'이라는 말을 두고 조금 다른 상상을 한다.

노트(곧 잃어버릴 운명이었던 그 노트)에 메모를 하고 있던 터라 영화를 제대로 보지는 못했다. 꼭 메모하는 일이 아니어도 〈인디아나 존스〉의 레퍼토리는 식상한 데다가 위화감마저 안긴다. 보화가 숨겨진 고대 문명의 옛 터로 이르는 길은 갖은 비문秘文과 비밀 장치가 가로막고 있다. 보물을 찾아 모험에 나선 주인공의 물욕은 지적 욕구로 정당화된다(주인공은 과거 문명을 '사물'처럼 대하고 있다. 그 점에서 그의 지적 욕구는 물욕의 일종이다). 그리고 가장 싫은 게 마지막 장면이다. 주인공의 손이 닿자 비밀은 발가벗겨지고 마치 그 비밀의 힘으로 지탱되어왔다는 듯 건축물은 허무하게 무너진다. 하나의 문명이 그렇게 굴복한다.

그런 유의 할리우드 (지적!) 판타지에서 마야는 단연 이집트와 함께 으

멕시코의 박물관에 소장된 유물들. 신화가 공동체에서 생명력을 갖는 것은 신화 자체의 힘이 아니라 신화적 과거와 현재 사이의 은유적 동일성에서 비롯된다. 과거를 현생의 의미로 부단히 소생시키는 신앙을 잃는다면 신화는 단순한 이야깃거리가 되고 만다.

뜸가는 소재로 사용되어왔다. 그런 지적 판타지는 늘 문명이라 불리는 대상의 기원과 종말에만 관심을 보인다. 거기서 문명이라 일컬어진 하나의 세계는 논리로 발라져 육체성을 상실하고 만다. 그 세계의 가치, 독특한 리듬감과 빛깔, 그 세계가 현지인들의 삶에서 여전히 지니는 무게는 외면되고 만다. 박물관에서 접하지 못한 단어, 그랬기에 더욱 선명히 인식된 그 문명이란 단어에서 나는 한 세계를 과거 안에 묶어두려는 어감을 느낀다. '고대 문명'은 모든 문명 위의 승자인 서양 문명을 치장하기 위해 갖다 붙인 이름 같아 불편하다. 과거 문명의 종말 이후에도 지금의 문명은 건재하다는 양(실은 과거 문명이 종말을 고하는 데 공범자였으면서) 말이다.

그러나 문명으로는 잴 수 없는 시간들이 저 유적지와 나 사이에 몇 겹의 단층을 품은 채 가로놓여 있다. 나는 마야인이 사용했던 두 역의 원리를 이해하더라도 저 두 가지 차원의 시간이 마야인의 생활에서 빚어내는 역동성은 이해하지 못하리라. 또한 내가 밟고 있는 마야의 유적지는 현재 멕시코의 일부다. 팔랑케의 유적이 멕시코 정부의 자금 사정에 따라 모습을 달리하듯 멕시코라는 나라가 지니는 정치적·문화적 시간은 나와 고대 마야 세계의 시간 사이를 관류하고 있다. 또한 마야는 고대 문명의 이름만이 아니다. 마야라는 이름의 사람들이 여전히 그곳에서 생존을 지속하고 있다. 그렇듯 몇 겹으로 시간의 단층이 있고, 각각의 시간은 제각기 다른 속도와 리듬을 가지고 움직이며 영향을 주고받는다. 유적지에 서보아도 내가 마야 세계를 실감하지 못하는 것은 당연하다. 내게는 그 여러 겹의 시간을 비집고 들어갈 능력이 없다.

팔랑케를 떠나 이미 다른 곳으로 향하던 중 한 신문 기사를 접했다. 치아파스 주의 마야 문명 유적지에서 경찰이 시위대를 진압하다가 네 사람이 사망했다는 소식이었다. 기사에서 그곳이 팔랑케임을 확인하지는 못했지만, 치아파스 주의 마야 문명 유적지라니 팔랑케일지도 모른다고 생각했다. 기사는 주 정부가 유적지에 과도한 입장료를 매겼으면서도 그 수입을 마을을 위해 쓰지 않은 것에 항의해 수백 명이 유적지의 출입구에서 시위를 벌였다고 전하고 있었다. 일부 주민들은 막대기와 돌, 흉기 등을 들고 경찰의 진압에 저항했으며, 경찰에게서 권총 75정을 빼앗고 휘발유를 뿌리며 방화를 시도했다고 한다.

어디까지가 사실일까. 무엇을 흉기라고 묘사했을까. 나는 다분히 경찰 측의 보도라고 생각한다. 어쩌면 그들이 시위를 벌였던 곳은 내가 파칼의 무덤 덮개를 구경하던 그 언저리일지도 모른다. 그곳이 정말 팔랑케라면 열흘 전 나는 그곳에 머물렀지만 무엇 하나 알지 못한 채 떠나왔다. 어떤 한 가지 시간을 그냥 스쳐 지나온 것이다.

3

어느 이름의 유래,
산 크리스토발 데 라스카사스

우기다. 날씨는 여행자의 간절한 마음을 곧잘 외면한다. 기대해봐야 허탈감만 깊어진다. 그래서 이제는 맑으면 맑은 대로 흐리면 흐린 대로 날씨가 보여주는 만큼 보겠다고 마음먹었다. 그것을 여행자의 미덕이라 여기기로 했지만, 산 크리스토발 데 라스카사스의 뿌연 하늘은 못내 아쉬웠다.

한 화가가 적당히 집들을 스케치한다. 어려울 것도 없다. 소실점 원칙에 충실하게 멀어질수록 길을 좁게 뺀 뒤 길옆으로 쓱쓱 싹싹 집들을 세운다. 그러고서 아이들에게 저마다 좋아하는 색깔의 크레파스를 골라 한 집씩 칠하라고 맡겨놓는다면, 이 골목의 풍경이 되지 않을까. 갖가지 색깔이 산 크리스토발 데 라스카사스의 벽면을 단장하고 있다. 그런데 뿌연 하늘빛이 그 총천연색을 한 꺼풀 살짝 덮고 있다. 그 한 꺼풀이 못내 아쉬웠던 것이다.

시각 속에서 청각이 트이는 느낌이랄까. 산 크리스토발 데 라스카사스는 소리를 담고 싶은 도시이기도 했다. 뭔가 특별한 축제가 있던 것도 아니다. 자동차에서 흘러나오는 팝송, 식당에서 들려오는 라틴 뽕짝, 아이들 노는 소리, 물건 흥정하는 소리, 웃음소리, 미사 드리는 소리, 길거리에서 아코디언 연주하는 소리. 별스럽지 않은 소리들인데도 벽면의 색상만큼이나 다양하고 선명하게 들려오니 괜스레 신났다. 거리가 방사형으로 쭉쭉 뻗어 있는 탓일까. 소리가 새어나가지 않도록 흐린 하늘은 덮개 역할을 하고, 소리의 출처가 쉽게 눈에 잡히도록 길들은 소리관이 되어 소리를 실

소리가 보이는 도시, 산 크리스토발 데 라스카사스.

어 나르고 있었다. 습도로 공기 밀도가 높으니 잘 들렸다는 설명은 필요 없다. 소리가 잘 보였다고 해석하고 싶다.

열 가지 이름

길이 저렇게 구획된 것은 산 크리스토발 데 라스카사스가 식민도시로 개발된 까닭이다. 사진 너머로 보이는 길 위로는 과거에 마차가 달렸다. 길 바닥에는 팬 자국이 있다. 산 크리스토발 데 라스카사스. 그 긴 이름에는 이름보다 길었던 식민도시의 내력이 담겨 있다.

생각해보면 멋대가리 없이 두 글자 한자명으로 정비된 한국의 지명 역시 식민의 역사를 새기고 있다. 빛고을은 광주가, 달구벌은 대구가 되었다. 그렇게 잃고 만 안타까운 이름 가운데는 고향에서 가까운 논산도 있다. 원래는 놀뫼였다. 곡식이 풍족해 축제가 잦았다고 하여 놀기 좋은 산, 놀뫼였다. 하지만 논산論山은 '놀'을 '논'으로 음독하고 '뫼'를 '산'으로 훈독하는 과정에서 음도 뜻도 특유의 맛깔스러움도 죄다 잃고 말았다.

한국에서는 지명이 변경되자 주로 생태학적 풍수성이 묻혔지만, 여행을 하면서 만난 이곳 도시들은 이름 속에 보다 복잡한 역사의 굴곡을 간직하고 있는 경우가 많았다. 산 크리스토발 데 라스카사스만 해도 1528년 건설된 이후 열 개의 이름을 가졌다. 각각의 이름은 식민지 역사의 부침을 보여준다. 물론 1528년 이전에는 다른 이름이 있었으리라.

디에고 데 마사리에고스. 이 도시의 건설자다. 그는 스페인에 있는 자신의 고향 시우다드 레알Ciudad Real을 기리기 위해 비야 레알 데 치아파 Villa Real de Chiapa를 새 도시의 이름으로 골랐다. 하지만 일 년이 조금 지난 1529년 7월 1일, 도시명은 비야비시오사 데 치아파Villaviciosa de Chiapa로 바뀌었다. 판사로 부임한 후안 엔리케스 데 구스만이 자기 고향에서 이름을 따왔다. 1531년 8월 14일, 도시명은 다시 2년 만에 산 크리스토발 데 로스 야노스 데 치아파San Cristobal de Los Llanos de Chiapa가 되었다. 이번에는 페드로 데 알바라도라는 자가 압력을 넣었다. 5년 후, 디에고 데 마사리에고스의 아들 루이스 데 마사리에고스는 스페인 의회에서 손을 써서 아버지가 붙였던 이름으로 되돌려놓았다. 다만 1536년 7월 7일, 시우다드(Ciudad, 행정 구역 명칭)로 승인을 받아 시우다드 레알 데 치아파Ciudad Real de Chiapa 가 되었다.

이런 변천사는 드문 경우가 아니어서 신세계는 온통 구세계의 이름으로 뒤덮였다. 현재 멕시코 지역은 독립하기 전에 스페인의 누에바 에스파냐라는 부왕청副王廳에 딸려 있었다. 새로운 스페인이라는 뜻이다. 그렇듯 신세계는 구세계의 상상력 속에 속박되었다. 아니, 그런 해석은 다소 거창하다. 저렇듯 서로 자신의 고향 이름을 붙이겠다며 각축을 벌인 데는 그만큼 본국에 대한 그리움이 컸던 탓일 것이다.

시우다드 레알 데 치아파는 한동안 경쟁자 없이 공식 명칭으로 통용되었다. 이와 달리 치아파 데 로스 에스파뇰레스Chiapa de Los Españoles라고 불리기도 했는데, 이는 인디오들의 옛 도시인 치아파 데 로스 인디오스

Chiapa de Los Indios와 구분하기 위한 이름일 뿐 시우다드 레알 데 치아파의 지위를 위협하지는 않았다.

그 이름이 시련을 맞이하게 되었으니, 1810년 멕시코는 스페인으로부터 독립한다. 1829년 7월 27일, 주의회 법령에 따라 이 도시는 산 크리스토발San Cristobal이 되었다. 그리고 20년이 지난 1848년 5월 31일, 이곳의 주교였던 라스카사스를 기리는 뜻으로 산 크리스토발 라스카사스로 이름이 바뀌었다. 그러나 1934년 2월 7일에는 다시 법령으로 치아파스 주 도시명에서 성인 표기(San=St.)가 떨어져 나가 시우다드 라스카사스Ciudad Las Casas가 되었다. 이에 주민들이 청원을 넣어 1943년 11월 4일, 이번에는 대통령령에 근거해 전의 이름을 되찾아 지금처럼 산 크리스토발 데 라스카사스가 되었다. 현지 사람이라면 이처럼 긴 이름을 줄여 부르는 다른 호칭이 있기 마련. 그들 사이에서는 계곡이란 뜻을 가진 호벨Jovel로 통한다.

라스카사스

이곳의 도시명은 그야말로 여러 의미가 경합을 벌이는 각축장이었다. 하지만 그렇듯 열 가지 이름을 갖는 동안 스페인의 정복자는 자기 이름을 새겨본 적이 없다. 기껏해야 고향의 이름을 따다놓았을 뿐이었다. 최초로 도시명에 한 개인의 이름이 달렸을 때, 그 이름은 귀족이나 관료가 아닌 사제의 것이었으며, 그가 살아 있는 동안 자기 손으로 새긴 것이 아니라 죽

208
IL PIACERE
CAFFÈ · BAR · TERRAZZA

은 지 300년도 훌쩍 지나 헌정받은 것이었다.

그 이름이라면 나도 들어본 적이 있다. 라스카사스. 주主의 종이었지만 이교도인 선주민의 인권을 위해 헌신한 인물로 기록되어 있다. 고약한 버릇일까. 의구심이 들었다. 이곳 주민들이 자진해 스페인 사람의 이름을 도시명으로 사용했다니 약간 믿기지가 않았다. 그래서 친구의 소개로 만난 호엘 오로스코 씨에게 여쭤보았다. 치아파스 대학에서 사회학을 가르치고 계신다. 하지만 같은 대답을 들었다. 산 크리스토발 데 라스카사스는 역시나 이곳 주민들이 정한 이름이란다.

바르톨로메 데 라스카사스. 그는 원래 한 쿠바 농장의 노예 소유주였다. 1502년 콜럼버스의 두 번째 항해 때 아버지와 동행해 소위 신대륙에 발을 들여놓았다. 역사의 각색을 거친 탓일까, 시대의 파고 탓일까. 이후의 인생행로는 전형적일 만큼 극적이다. 곧 선주민을 학대하지 말라는 몬테시노스 신부의 설교를 듣고 깨달은 바가 커서 1515년 자신이 소유한 엔코미엔다를 버리고 1524년에는 재산마저 모두 헌납한 채 도미니크 수도회에 들어갔다. 그 후 아메리카에서 최초로 서품을 받은 신부가 되어 치아파스 지역에서 포교에 나섰다.

그러나 그는 선주민을 포교할 적에도 그들을 미개하다고 여기지 않았으며, 다른 신을 섬기더라도 그들이 보여준 신심을 찬양했다. 라스카사스는 다른 사제들이 지니고 있던 편견과 맞서 싸웠으며, 정복자들이 선주민을 수탈하려 들면 힘주어 비난했다. 선주민에게 뭇매를 가하고 돌아와 정복자들이 신께 죄를 고백하려 할 때면, 그들에게 고해성사의 기회를 주는

〈라스카사스〉, 펠릭스 파라, 1875년(멕시코 국립미술박물관 소장).
아메리카 대륙의 소유권 논쟁은 아메리카 선주민의 생명권 문제로 이어졌다. 땅에 대한 소유권을 가질 수 없는 선주민들은 생명권도 박탈당했다. 어느 통계에 따르면 1492년부터 1560년 사이 아메리카 대륙에서 약 4,000만 명이 사라졌다. 물론 그 숫자 안에는 전염병으로 인한 희생도 포함되어 있지만, 유럽인이 아메리카에서 저지른 이 역사적 장부는 청산되지 않았으며 청산될 수도 없다. 라스카사스는 그 장부를 기록한 최초의 유럽인이었다.

일마저 거부했다.

라스카사스는 동시에 개혁가였다. 그 자신이 버렸다던 엔코미엔다는 인디오에게서 부역과 공물을 징발하는 제도였다. 대신 가톨릭의 감화로 영혼을 구제하겠다는 명목을 내세웠다. 결국 변형된 형태의 노예제도였다. 라스카사스는 스페인 국왕에게 탄원을 넣어 엔코미엔다의 폐지를 이끌어냈다. 그리고 『인디아스 파괴에 관한 간략한 보고서』를 저술해 정복자들의 만행을 구세계에 고발했다. 정복 전쟁이 정의를 저버리고 있다고 비판했고, 스페인으로 가져간 금과 은은 훔친 물건이라고 선언했으며, 인디오는 전쟁을 일으켜 정복자들을 몰아낼 권리를 갖는다고 천명했다.

식민자의 물권과 선주민의 인권 사이

하지만 역사가 한 개인의 미덕과 헌신만을 사서 그 이름을 기억해주는 경우는 드물다. 라스카사스가 신학사가 아닌 아메리카 식민사나 유럽 지성사에 이름을 올리게 된 데는 그가 어느 논쟁에 참여했다는 사정이 크다. 그야말로 세기의 논쟁이었다. 규모에서 그러했고 시대사적 의미에서 그러했다. 스캔들의 요소도 충분했다.

신대륙 발견 후 인디오가 빠진 인디오 논쟁이 벌어졌다. 주어진 물음은 이랬다. "인디오는 스스로의 능력으로 자유롭게 살아갈 수 있는가? 인디오는 이성적 존재인가? 인디오의 소유권을 인정해도 좋은가? 엔코미엔다는 인디오에게 좋은 제도인가? 인디오를 노예로 삼아서는 안 되는가?" 당대 최고의 지성들이 이 물음에 달려들었다. 그러나 기실 그리 논쟁적이진 않았다. 아메리카에 발을 디딘 적도 없는 볼테르는 선주민을 게으름뱅이라고 주장했고, 뒤를 이어 베이컨, 보댕, 몽테스키외, 흄 등 서구 근대 정신사의 대부들은 선주민을 열등한 종족이라 폄하했다. 또한 획득형질이 유전된다는 학설을 내세워 근대 유전학의 시조로 평가받는 뷔퐁은 "신세계의 퇴화한 인간들"을 아예 인류로 분류하지도 않았다.

이 모든 이들보다 앞서 라스카사스는 다른 답을 내놓았다. 때는 1550년이었고, 장소는 스페인의 바야돌리드, 그리고 논쟁 상대는 세풀베다였다. 세풀베다는 스페인 왕실 소속의 고위 성직자이자 당대 최고의 지성으로 꼽히던 인문주의자였다. 논전의 면면은 화려했다. 주최자는 스페인 국왕 카를로스 5세, 대서양 너머로 콜럼버스를 보냈던 이사벨라 여왕의 손자였다. 사회는 교황의 특사 살바토레 론시에리 추기경, 교황의 최종 결정을 위한 보고서를 작성하는 임무를 맡았다. 제출된 물음은 "아메리카는 누구의 것인가"였다.

먼저 세풀베다가 꼬박 하루를 발언했다. 그는 아메리카의 소유권이 유럽인, 특히 조국 스페인에 있다고 힘주어 말했다. 이를 위해 선주민에게는 소유권을 주장할 만한 자격이 부족하다고 논증했는데, 이때 최고의 권위를 지닌 세 권의 책을 논거로 삼았다. 아리스토텔레스의 『정치학』, 아우구스티누스의 『신국』, 그리고 『성서』였다. 그는 『정치학』을 스페인어로 옮긴 장본인이기도 했다.

유태인들Jews은 존재했지만 반反유태인들이 '유태인'the jew을 창조했다. 아메리카라고 명명될 땅에는 사람이 존재했지만 식민 권력이 '선주민'을 발명했다. 그리고 유럽적 자아는 타자를 통해 자신을 정립했다. 선주민은 부정적 정체성을 지닌 채 출현했고 백인 유럽의 자아는 부정에 대한 부정으로서 등장했다.

세풀베다는 인간은 자신이 맡을 자리를 갖고 태어난다는 아리스토텔레스의 존재론과 노예는 죄를 짓고 징벌을 받아 노예가 되었다는 아우구스티누스의 노예설에 근거해 아메리카 선주민은 인간의 형상을 하고 있지만 평등하게 대우할 필요가 없다고 주장했다. 그리고 우상숭배, 식인 풍습, 인신 공양을 근거로 들어 그들은 사회 이전의 상태, 즉 '노예 상태'에 있다며 이따금 성서의 내용을 가미했다.

세풀베다는 인문학적 지식을 죄다 동원하여 선주민으로부터 인간성을 박탈했다. 여기서는 한 개인의 비열함보다는 차라리 근대 지식의 어두운 단면이 엿보인다. 먼저 '인권'에 대한 물음은 '물권'에서 터져 나왔다. "인디오는 인간으로서 권리를 갖는가"는 "아메리카의 진정한 소유자는 누구인가"라는 물음 속에서 의미를 지녔다. '사회'라는 말의 용법은 또 어떠했는가. 그 말은 문명의 잣대가 되어 선주민을 윽박지를 때 사용되었다. 그들에게는 사회가 없다든지, 사회적 존재가 아니라든지 등등. 그리고 세기를 가르는 물음들, 인간에 대한, 인간 권리에 대한, 세계에 대한 물음들은 유럽 안에서 피어 나온 게 아니라 선주민의 세계와 조우하는 속에서 터져 나왔건만, 그 물음들은 선주민의 존재들을 밀쳐놓고 소비되었다.

그런 의미에서 라스카사스의 존재는 얼마나 소중한가. 그가 당시 지성계에서 승리했다고 말할 수는 없지만, 그의 존재로 말미암아 인간, 인권, 세계에 관한 논쟁은 이후 높은 수준의 출발점을 마련할 수 있었다. 그러나 라스카사스 역시 시대의 언어로 말할 수밖에 없었다. 세풀베다에 이어 등장한 그는 미리 준비해둔 반론을 닷새에 걸쳐 읽어 내려갔다. 음조는 차분했다. 한 마디 실언이 그를 종교재판의 화형대로 이끌 수도 있었다. 그는 성서에 근거해 반론을 폈다. 이스라엘인들이 가나안 땅을 얻었던 것은 그 이전에 여호와와의 약속이 있었기 때문 아니던가. 하지만 아메리카가 그런 약속의 땅이라는 증거는 어디에 있는가.

그러고는 인디오는 예외적 존재가 아님을 입증하는 데 힘을 기울였다. 그들도 아스테카와 잉카라는 세계를 거느렸다. 기독교로 개종시키더라도 군사의 힘이 아닌 가르침과 설득에 근거해야 한다. 또한 인디오는 예술과 학습능력 면에서 결코 뒤떨어졌다고 할 수 없다. 회교도와 유대교도도 비기독교도인이지만 억압과 강제 노동에 저항할 권리가 있듯이 인디오 역시 저항권을 지닌다. 그리고 인디오만이 우상을 숭배하고 인신 공양을 드린 것도 아니다. 고대 스페인, 그리스, 로마에서도 우상을 숭배했으며 사람을 제물로 바친 적이 있지 않았던가.

개인의 몫

라스카사스는 목숨을 내놓고 논전에 임했다. 그러나 한 개인이 기울이는 노력은 시대의 힘에 의해 굴절되게 마련이다. 시대의 관성을 거부하는 시대정신은 시대의 힘에 채이고 마모된다. 당대에 그가 여러 사람의 미움을 샀다는 의미만이 아니다. 후세에 그의 행동을 평가하는 잣대가 바뀐다는 사실까지를 포함한다.

라스카사스-세풀베다 논쟁은 그야말로 세기의 논쟁인지라 그 후로도 번번이 회자되었는데, 라스카사스 역시 비판에서 자유롭지 못하다. 대개 과거의 논쟁을 평할 때는 논쟁 구도 바깥에서 논쟁을 조망하면서 행위자들을 싸잡아 논하든지, 아니면 뒷시대의 높아진 기준에 비춰 판단하는 경우가 많다. 라스카사스-세풀베다 논쟁을 두고도 둘의 차이란 결국 방법론의 차이에 불과하다는 주장이 나왔다. 라스카사스 역시 인디오를 기독교 세계로 동화시키고 식민체제 속으로 거둬들여야 한다고 주장한 게 사실이다. 그래서 세풀베다가 군사 정복을 승인했다면, 라스카사스는 교화로써 감복시켜야 한다며 온건한 방법을 취했다는 점에서 다를 뿐이라는 것이다. 확실히 라스카사스는 인디오도 주님의 자녀가 되어야 하며, 스페

왼쪽은 『인디아스 파괴에 관한 간략한 보고서』의 삽화다. 대개가 선주민을 참혹하게 살해하는 장면이다. 오른쪽은 한 세기 뒤에 나온 드 브리의 판화다. 맹견을 동원해 파나마 선주민을 학살하는 발보아를 묘사하고 있다. 드 브리의 판화는 스페인의 아메리카 정복을 잔혹한 학살과 수탈의 역사로 그려냄으로써 '검은 전설'을 유포시키는 데 결정적인 역할을 했다.

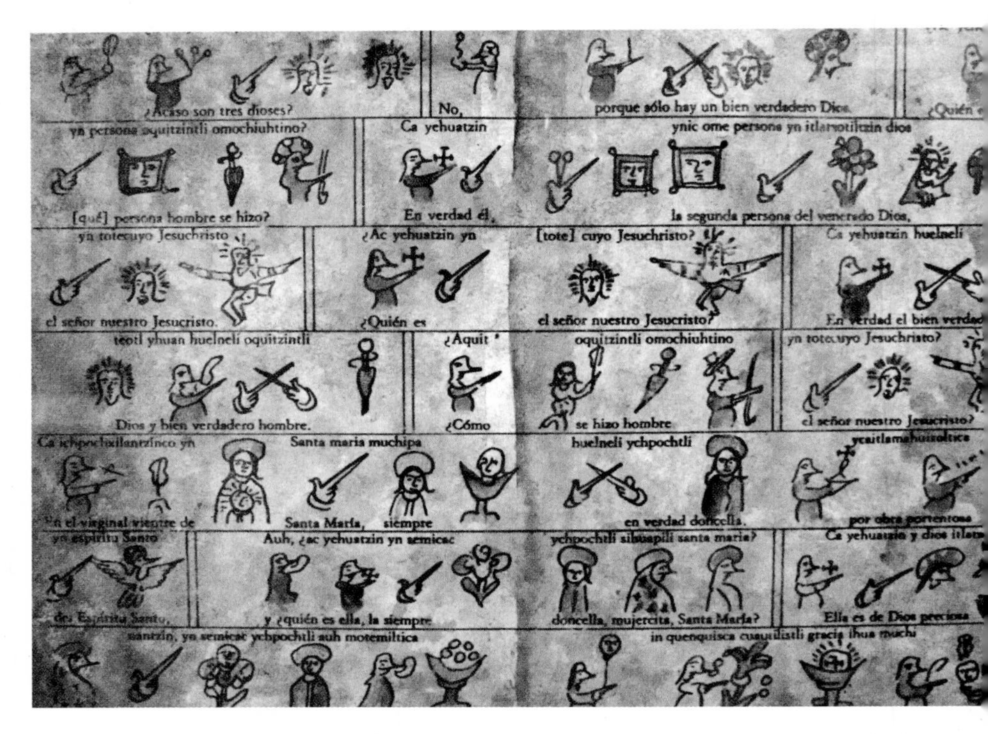

이미지로 만든 나우아틀어 교리서 사본. 마을 박물관에 소장되어 있다. 교리를 스페인어와 선주민의 나우아틀어로 설명하고 있다.

"신은 세 명일까?/아니지, 진정 선하고도 진실된 신은 한 분이신걸./그게 누군데?/누가 인간을 창조하셨지?/바로 그분, 진실된 신이 인간의 모습을 취하셨지, 주 예수 그리스도./주 예수 그리스도가 누군데?/진실된 선이며 신이자 진정 선한 인간이신 그분./주 예수 그리스도는 어떻게 인간으로 나오셨는데?/동정녀 성모 마리아를 통하셨지. 언제나 진실되고 고귀한 부인이시며 성령의 권능을 입으셨지./그녀, 늘 고귀한 성모 마리아는 누구신데?/그녀는 거룩한 신에게서 오셨고, 어머니이자 귀부인이시며, 온전하시며, 모든 선과 은총의 (……)."

인 국왕의 자식이 될 수 있다고 힘주어 강조했다.

뿐만 아니다. 오늘의 시각에서 보자면 『인디아스 파괴에 관한 간략한 보고서』에 나오는 선주민들은 상투적으로 묘사되고 있다. 선하지만 가엾다. 무기력하고 수동적이다. 또한 당대에 그 책은 '검은 전설' Leyenda negra에 활용된 전력이 있다. 1495년 토르데시야스 조약으로 스페인과 포르투갈이 아메리카를 분할 독점하자 영국, 프랑스, 네덜란드는 입맛을 다셨다. 그때 『인디아스 파괴에 관한 간략한 보고서』는 호재였다. 이들은 그 책이 고발한 스페인 정복자들의 만행을 구실로 삼아 스페인과 포르투갈은 아메리카에 식민지를 둘 능력이 없다고 비방했다. 그렇게 영국과 프랑스 등이 검은 절설을 이용해 아메리카로 손을 뻗어 더한 짓을 저지르던 때, 라스카사스는 이미 눈을 감았다.

한편 그가 폐지로 이끈 엔코미엔다는 레파르티미엔토로 모습을 바꿔 골격을 실질적으로 유지했다. 스페인 국왕은 라스카사스의 탄원대로 엔코미엔다를 폐지시켰지만 선주민의 권익을 위해서가 아니라 식민지를 왕실의 직접관리 아래 두기 위해서였다. 식민지에서 노동력 할당과 재산권·상속권 문제를 두고 스페인 국왕과 정복자는 종종 대립하던 차였다. 따라서 "아메리카의 정당한 소유자는 누구인가"는 지적 논쟁의 화제일 뿐 아니라 국왕과 정복자 사이의 해묵은 정치적 사안이기도 했다. 그리하여 발견자 콜럼버스는 쇠사슬로 묶여 송환당했고, 정복자 코르테스는 신대륙에서 독립을 꾀한 음흉한 인간으로 내몰려 법정에 서야 했다. 라스카사스가 엔코미엔다를 무너뜨린 자리에서 성립한 레파르티미엔토는 정복자들의 봉건주의적 시도를 물리치고 식민지를 국왕의 관할에 놓는 초석이 되었다.

라스카사스는 인도주의적 가치를 지키고자 헌신했지만 그의 시도는 결국 몇 겹으로 뒤틀렸다. 또한 그 자신이 시대의 상식이라는 한계를 짊어지고 있었다. 그는 선주민을 아끼는 마음에서 노동력이 정 부족하다면 아프리카에서 흑인을 데려와 쓰면 될 일이라고 발언하기도 했다. 그의 사고와 행적은 숱한 주관적·객관적 한계로 점철되어 있다. 하지만 나는 그 한계를 말하고픈 게 아니다. 역사의 뒤에 온 자로서 가치판단을 내릴 작정도 아니다. 다만 한 인간의 이름이 새겨진 땅 위에 서서 그 개인의 내면을 들여다볼 수는 없지만, 남겨진 흔적들을 가지고서라도 복잡함을 복잡함대로 받아들이며, 그의 고민의 결들을 살피고 싶다.

종교의 제약, 지식의 제약, 제도의 제약, 또 정치 환경의 제약 등등. 그 여러 제약들을 품고 있었기에 한 개인의 시도는 뒷걸음질 쳤지만 역사의 무게를 지닐 수 있었다. 그 무게를 헤아리는 일은 손쉬운 가치판단보다 어렵지만 가치 있다. 후세 사람들이 시대의 한계 운운할 수 있는 것은 앞선 자들이 시대의 한계 속에서 한계치를 조금씩 바꾸어놓았기 때문이지 않겠는가.

한 장의 사진

산 크리스토발 데 라스카사스라는 마을명이 자리잡은 데는 또 다른 복잡한 사정이 있었으리라. 이름을 알 수 없는 여러 개인의 고심과 노력이 있었을 테며, 라스카사스라는 이름이 치아파스 주에서 갖는 어떤 고유한 위상도 작용했겠다. 그 사연은 아메리카 식민사나 유럽 지성사에 기록되지 않았을 것이며, 그 헤아림은 문면으로 드러난 라스카사스의 행적을 좇기보다 어려울 것이다.

그 사정을 파고들어갈 수는 없지만 시대 속에서 한 명의 혹은 여러 개인이 지니는 한계와 그 복잡한 의미를 이곳 산 크리스토발 데 라스카사스에서 곱씹어보기로 마음먹게 된 데는 한 장의 사진이 계기가 되었다. 나는 열 가지 마을명의 유래가 기록되어 있는 중앙광장 근처 박물관에서 나와 택시로 나 블롬 박물관을 향했다. 고고학자 프란츠 블롬과 거트루드 두비 블롬 부부가 살던 집을 박물관으로 바꿔놓았다. 그 집 또한 원래 수도원이던 건물을 1898년에 개조한 것이었다. 나 블롬은 마야 초칠어로 '재규어의 집'이란 뜻이다.

각 방과 부엌, 응접실에는 블롬 부부가 살던 때의 집기들이 보존되어 있다. 벽면에는 여러 사진과 유물들이 전시되어 있다. 뒤뜰의 정원은 아름답게 꾸며져 있었는데 길을 잘못 들지 않았다면 못 보고 그냥 지나칠 뻔했다. 프란츠 블롬은 마야 유적을 탐사한 이로 유명한 모양이다. 팔랑케를 두고 그가 "누구든 팔랑케와 만난다면 좀처럼 헤어나오지 못하리라"라고 했다던 문구를 『론니 플래닛』에서 읽은 적이 있다. 진열되어 있는 유물들은 블롬 부부가 아닌 다른 사람의 손을 빌려 그렇게 전시되었겠지만 그들이 수집해놓은 마야 유물을 보면 어떤 애정이 묻어난다. 하지만 그냥 해보는 추측일 뿐 근거 있는 감상은 아니다. 그 부부에 관해서라면 쥐고 있는 정보가 너무 적다. 다만 그들이 살던 집을 느긋이 거닐자니 어떤 실감이 옮아오는 듯했다(반대로 라스카사스에 관해서는 정보는 있지만 실감을 느낄 요소가 너무 부족했다). 나중에 인터넷이라도 뒤져보면 정보를 얻을 수 있을 테지만, 그들에 관한 이해는 그날의 감상인 채로 봉인해두기로 했다.

그리고 그 사진을 보았다. 응접실과 식당 사이의 벽면에 네 점의 사진이 전시되어 있었는데 그중 하나였다. 작품명이 달려 있지는 않았다. 언제 누구를 찍은 사진인지 알 수 없었다. 다만 함께 전시된 다른 사진들과의 관련성에서 짐작하건대 선주민을 찍은 사진이라는 사실만큼은 알 수 있었다.

네 사람이 구부정하게 서 있다. 머리 모양과 차림새가 같다. 서로 모르는 사이는 아닐 게다. 서 있는 곳은 경작지로도 보이고 뒤로 흐릿하게 나무 형상이 있는 걸 보아 들판인지도 모르겠다. 그림자로 보건대 정오가 지나 이들을 만나거나 불러낸 모양이다. 둘의 시선은 카메라를 향하고, 둘은 카메라의 시선을 피하고 있다. 같은 눈높이에서 표정들은 연속되어 있고 하나같이 다소 불안한 낯빛이다. 특히 카메라를 향하고 있지 않은 둘은 한기를 느끼는 듯 얼굴을 매만지거나 팔로 몸을 추스르고 있다.

프란츠 블롬이 사용했다던 아주 낡고 무거웠을 카메라를 보았다. 이 사

액자 속의 선주민(나 블롬 박물관 소장).

진을 저 카메라로 찍었는지는 알 수 없지만, 사진 속 인물들과의 거리로 보건대 저 표정은 멀리서 찰나로 포착한 것이 아니다. 카메라를 설치하고 빛을 담으려면 시간이 걸렸을 테고 찍는 자와 찍히는 자 사이에는 수초간의 교감이 오갔으리라. 사진을 들여다볼수록 묘하게 저 사진 속에 블롬 자신이 투영되어 있는 것처럼 느껴졌다. 네 명의 얼굴에 드리운 (혹은 내가 읽어낸) 불안감에 블롬 자신의 시선이 교차되고 있는 듯했다. 그리고 그들의 불안감은 한데 어우러져 다가올 시간을 향하는 것 같았다.

사실 네 사람의 표정의 의미를 읽어내기란 힘들다. 의미를 헤아릴 단서

프란츠 블롬의 카메라(나 블롬 박물관 소장).

가 내겐 전무하다. 다만 그 사진에 정말 블롬 자신의 심상이 스며들었다면, 그것은 어쩌면 개인이 갖는 어떤 비극성일지 모른다. 고고학자로서 사진 속 그들을 만난 순간 그들의 세계는 해체되리라는 예감과, 그래서 사진으로 담거나 기록해야겠다는 자각과, 그런데 자신의 그런 행위가 그 해체를 재촉하리라는 두 번째 예감이 겹치지 않았을까. 기록 말고 일개의 개인으로서 달리 할 수 있는 일은 없지만 그렇듯 자신이 커다란 공모 관계의 일부를 이룬다는 불편함.

개체는 부자유하며 부자유하기 때문에 선택은 진정 의미를 지닌다. 개체의 의지는 시대와 사회의 힘으로 굴절되지만 그런 만큼 개체의 고독과 굴곡은 역사로 진입할 수 있는 창구를 품는다. 어쩌면 저 사진을 두고 끌어올 말이 아닌지도 모른다. 나의 해석은 완전히 헛짚었는지 모른다. 하지만 이번 여행길은 그런 감상으로 나를 이끄는 중이다.

4

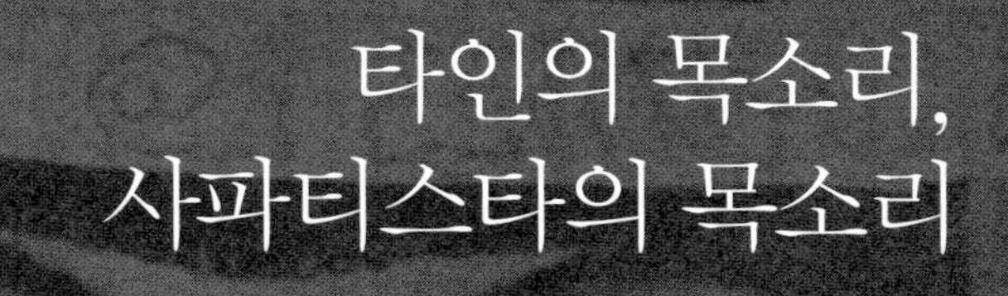

타인의 목소리,
사파티스타의 목소리

산 크리스토발 대성당. 1994년 2월 21일 이 성당에서 19명의 사파티스타 사령관과 마누엘 카마초 당시 외무장관 사이에 평화협상이 이뤄졌다. 열흘간의 협상 끝에 교육, 의료, 사법과 토지개혁에 관한 34개 요구사항에 대한 합의를 이끌어냈다. 그러나 석 달 뒤 마르코스는 협상 결과를 수용하지 않겠다고 밝혔다. 협상안을 주민 투표에 부쳤는데 거부되었던 것이다.

사파티스타의 근거지와 레스토랑

여행을 떠나기 전 친구들이 어디로 가냐고 물으면 치아파스라고 답했다. 재차 그게 어디냐고 물어올 때면 사파티스타의 근거지가 거기에 있다는 설명을 덧붙였다. "아, 그러냐"는 반응을 접할 때 약간의 우쭐함이 있었던 것이 사실이다. 바로 그 땅을 밟는다!

그리고 산 크리스토발 데 라스카사스에 와서 안달했던 것도 사실이다. 나는 무엇을 기대하고 있었을까. 검은 스키마스크를 쓴 사파티스타 민족해방군EZLN이 거리를 배회하기라도 바랐던 것일까. 하지만 이 도시는 1994년 1월 1일 NAFTA(북미자유무역협정)가 발효되자 사파티스타가 봉기를 일으킨 바로 그곳이 아니던가. 나는 동향을 알고 싶었다. 아니면 흔적이라도 줍고 싶었다.

도착한 날 저녁, 으레 관광객들로 붐비게 마련인 중앙광장 옆 골목에서 사파티스타 사진을 전시하는 곳을 발견했다. 레스토랑이었다. 위치를 기억해뒀다가 해가 떨어지고 나서 다시 찾았다. 들어가 보니 지붕 없이 하늘이 트인 넓은 공간에 테이블이 정렬되어 있었고, 사방을 둘러싼 벽에 사파티스타 사진이 걸려 있었다.

대개가 검은 스키마스크를 두른 자들이 담긴 흑백 사진이었다. 그뿐이었다. 안내문도 없었고 연도순으로 배치된 것도 아니며, 사진들 사이에 이렇다 할 관계도 발견하지 못했다. 고급 레스토랑이었는데도 사진은 레스토랑 분위기와 동떨어진 듯 묘하게 어울렸다. 다만 그 공간에 관광객으로

EZLN의 정글 속 공동체를 묘사한 그림. 치아파스의 한 레스토랑에 걸려 있다.

불쑥 쳐들어간 것 같아 오히려 내 쪽이 멋쩍었다. 느릿한 클래식이 흘러나왔는데, 그래서 되레 발걸음을 빨리 옮겼다.

다음 날, 음식이 괜찮다는 레스토랑에 갔다. 이곳의 벽면에도 커다란 사파티스타 그림이 걸려 있었다. 한 점은 EZLN과 네 명의 여성이 달을 배로 삼아 어디론가 떠나는 듯한 모습이었고, 다른 한 점은 라칸도나 정글로 보이는, 아무튼 EZLN이 어울려 살아가는 정글 속 공동체의 풍경이었다. 레스토랑에서는 사파티스타의 문양이 새겨진 티셔츠도 팔고 있었다. 혹시 뭔가 있을까 싶어 서빙을 보는 분께 여쭤봤다. 그림은 몇 해 전 사파티스타를 지지하는 행진이 있던 때 그려졌으며, 이 가게 역시 사파티스타를 지지한다고 답해주셨다. 혹시 티셔츠 판매 수익이 EZLN에게 전해지느냐고 물었지만 그것은 잘 모르겠다고 하셨다.

어떤 카리스마

산 크리스토발 데 라스카사스를 떠나기 전날, 식사를 마치고 나오다가 근처에 영화관이 있는 걸 봤다. 마침 그날 마지막 상영작이 〈사파티스타〉 ZAPATISTA(1998년)였다. 날씨는 쌀쌀했지만 바깥에서 시간을 때우다가 시간에 맞춰 들렀다. 키노키라는 이름의 영화관은 푸근하게 감싸주는 느낌이었다. 자그마한 커피숍이 있어 그곳에서 대기하다가 커피를 손에 든 채 입장해보니 스크린은 당구대보다 두 배쯤 컸고, 관람석으로는 간이용 1인

침대 따위가 어질러져 있었다. 언제든지 연극이나 세미나를 위한 장소로 둔갑할 수 있는 곳이었다. 관객은 한 열다섯 명 정도 되었을까. 대개가 여행객 차림이었고 현지 사람은 없는 듯했다.

작품은 예상을 벗어나지 않았고, 그만큼 실망했다. 빠른 비트의 랩송이 나오고 카메라는 숨 가쁘게 EZLN의 모습을 뒤쫓는다. 중간 중간 당시 정치 상황이 간결하게 소개되고 사파티스타의 선언이 잇따른다. 현지 주민의 인터뷰도 간간이 섞여 있었다. 사실 다큐멘터리가 끝나기 전에 맡겨놓은 세탁물을 찾으러 가야 해서 안절부절못한 탓도 있었다. 이야기가 현실에서 떠보였다. 내가 현실이나 현지 상황을 안다고는 할 수 없지만, 그렇게 여러 이방인들과 섞여 다큐멘터리로 감상하고 있자니 그런 느낌이 짙었다. 10년쯤 지난 작품이니 하는 수 없는지도 모른다. 1995년에는 EZLN이 소집한 국민투표에 100만 명이 넘는 시민이 참여했고, 1996년에는 신자유주의에 맞서 대륙간 회의EIHN가 개최되었고, 1997년에는 EZLN의 지지 단체에 속해 있던 초칠족 원주민 마흔다섯 명이 학살된 사건이 있었다. 당시는 저 배경음악만큼이나 긴박했다.

그 이후의 사정을 몰라서일까. 작품은 묘하게 현실감을 잃어 괜히 1년 전 오키나와에서 본 영화가 떠올랐다. 나하에 있는 재래시장 후미진 곳에서였다. 극장 이름도 영화 이름도 까먹었다. 다만 어떤 표정이 기억난다. 그 작품 역시 다큐멘터리에 가까운 영화였는데, 이탈리아의 어느 배우를 추도하는 내용이었다. 배우 이름도 기억나지 않기는 마찬가지다.

내용은 내내 그 배우와 함께 작업했던 여배우, 감독, 프로듀서 혹은 신

문기자, 사진가 등의 회고담으로 채워졌다. 그들의 표정에 눈길이 머물렀다. 그 배우를 회고할 때 표정에는 뭔가 약간 들뜨면서도 그윽한 맛이 배였고 눈빛은 살짝 몽롱해졌다. 모두 그 배우 인생에서 기꺼이 조연으로 출연하기를 자처했다. 다들 그 배우와 제법 가까이 지낸 사이처럼 말했다. 소소한 에피소드가 주를 이루었는데, 그 에피소드의 주인공은 자신이 아닌 그 배우였다.

하지만 묘한 전도가 발생해 그들은 그 배우를 떠올리고 있는 동안 자신이 그 무대에서 주인공이 된 듯한 표정을 짓고 있었다. 그 배우를 회고하는 것이 곧 자기 얘기를 간증하는 일이었다. 내가 본 것은 어떤 카리스마 같았다.

살아 있는 전설

키노키에서 다큐멘터리를 볼 때도 그 느낌을 받았다. 드문드문 나오는 인터뷰에서 사람들이 마르코스를 말할 때 그랬다. 마르코스는 배우이자 동시에 무대와도 같은 존재다. 나 역시 그의 카리스마에 매혹당한 적이 있다. 과거 일로 기록할 만큼 거리감을 유지하고 있지는 않다. 다만 이곳에 도착하고 나서 그런 감상이 현지의 사정을 이해하는 데 방해요소로 작용하고 있다는 느낌이 들었다.

그의 카리스마는 이탈리아 배우와는 달리 베일에 가려진 까닭에 더욱 짙게 풍긴다. 그래서 마르코스라는 무대 위에는 좀더 많은 상상력이 깃들 수 있다. 1994년 1월 1일 봉기가 일어난 지 얼마 지나지 않아 마르코스는 자신을 향한 세간의 관심과 억측들을 향해 "나는 천주교 교리 전도사도 사제도 아니다. 난 기혼자도 동성애자도 아니다. 내가 바로 '살아 있는 전설'이다!"라고 말했다. 확실히 그는 살아 있는 전설처럼 보인다. 검은 스키마스크 사이로 보이는 푸르고 영민한 눈빛, 여유를 머금은 담배 파이프, 계급장인 붉은 별 세 개가 새겨진 마오풍의 모자, 목에 두른 붉은 손수건, 가슴을 가로지르는 탄약 띠, 그 옆의 무전기, 그리고 오른쪽 어깨 너머로 둔중한 소총. 현대판 로빈 후드이자 체 게바라의 환생이다.

멕시코 정부는 그의 정체를 밝히려 혈안이었다. 몇 달 동안 정보기관이 프랑스 출신의 베네수엘라 조류학자, 텔레커뮤니케이션 업체의 중역, 페루

부사령관 마르코스. 얼굴은 개인의 것이다. 검은 스키마스크로 가려진 얼굴은 비주체적이다. 인간의 얼굴을 잃은 권력을 고발하기 위해 마스크로 개인의 얼굴을 가려버렸다. 마스크는 개인의 얼굴을 지웠지만, 대신 집단적이고 다음성적인 주파수로 기능한다.

의 게릴라 활동가, 예수회 신부, 전 치아파스 주지사의 아들 등을 용의자로 지목했지만 그의 신화만을 부풀렸을 따름이었다. 마르코스에게 직위 해제 당한 전 EZLN의 고위 간부가 불만을 품고 멕시코시티에 자리잡은 EZLN 안가의 위치, 치아파스의 주둔지 위치, 반군의 조직 구조와 무장 현황을 털어놓고 아울러 마르코스가 원래 라파엘 기옌이라고 폭로하기 전까지 멕시코 정부는 속수무책이었다. 그러나 멕시코 정부가 이 정보를 잡아 텔레비전에서 중대 발표로 보도했지만, 그의 카리스마는 식지 않은 듯하다.

저 "토지와 자유"를 외치며 농민 혁명을 일으켰으며 오늘날 사파티즘의 원형이 된 사파타Emiliano Zapata는 정부의 함정에 빠져 총살당했다. 그는 노새에 실려 도로 한복판에 내다 버려졌고 그의 얼굴 위로 수많은 플래시가 터졌다. 그렇게 정부는 사파타의 신화를 깨뜨리려 했지만 사람들은 한동안 그의 죽음을 믿지 않았다고 한다. 죽어서는 안 되는 존재였기 때문이다.

구스타보 씨에게 듣다

더구나 마르코스의 스키마스크는 아직 벗겨지지 않았다. 마르코스라는 전설도 깨지지 않았다. 그러나 나는 마르코스의 카리스마적 면모에 관해 달리 생각해보기로 마음먹었다. 검은 스키마스크는 사파티스타 반군 모두의 얼굴을 가려버렸다. 이는 얼굴로 지도자와 피지도자를 가르는 것을 거부하고 모두가 지도자이며 대중이라는 상징적 표현이자, 동시에 자본의 세계에서는 그 어디서도 자신의 얼굴을 발견할 수 없다는 고발이었다. 그러나 나 같은 외부자에게는 그 모두가 마르코스 한 사람의 얼굴처럼 보인 것도 사실이었다. 그래서 마르코스 너머를 볼 수 있는 어떤 흔적이라도 붙들고 싶었다. 그러나 산 크리스토발 데 라스카사스에서는 결국 근황조차 알아보지 못한 채 다큐멘터리를 본 다음 날 떠나야 했다.

다시 실마리를 잡은 것은 멕시코시티에서였다. 멕시코 메트로폴리탄 자치대학UAM 박사과정에 있는 친구 박수경 씨가 자신의 대학에서 사파티스타를 연구하고 계신 분을 소개해주고 인터뷰도 잡아준 것이다.

인터뷰 장소도 메트로폴리탄자치대학이었다. 이곳은 마르코스가 1982년 스물여섯에 치아파스로 무장 운동을 조직하러 떠나기 전 시각예술 이론을 강의했던 곳이기도 하다. 소치밀코 캠퍼스였는데, 당시가 68혁명의 40주년이어서 학교에서는 연극 등의 행사를 하고 있었다. 스케줄과 맞지 않아 연극 공연을 관람하지는 않았지만, 6시 인터뷰 약속까지는 다소 여유가 있어 공을 차는 학생들이 있기에 끼어볼 요량으로 근처를 얼쩡거리다가 짧게 경기를 했다. 곧 숨이 차올라 헐떡거렸다. 마침 비가 내려 무승부로 경기를 접을 수 있었다. 상기된 얼굴로 구스타보 가르시아 로하스 씨를 만나러 갔다.

사실 그날은 구스타보 씨의 아이가 아파서 올 수 있을지 미지수라는 말을 들었다. 하지만 와주셨고, 죄송하게도 약속 장소에 먼저 와서 기다리고 계셨다. 직접 알아들을 수는 없었지만 인터뷰를 하는 동안 눈빛과 손놀림에서 메시지를 전달하려는 의지를 읽어낼 수 있었다. 다음의 기록은 그날

구스타보 가르시아 로하스 씨

인터뷰의 일부를 옮긴 것이다. 통역은 박수경 씨가 맡아주었다.

— 먼저 인터뷰에 응해주셔서 감사합니다. 저는 한국에서 사파티스타에 관한 소식을 종종 접했습니다. 하지만 최근에는 뜸해졌네요. 사실 이번에 치아파스를 여행하는 동안 어떤 실마리를 얻길 바랐지만, 흔적들만 지나쳤을 뿐입니다. 그래서 멕시코시티에 온 이후 사파티스타 연구자가 계시다기에 이렇게 찾아뵈었습니다. 당신의 목소리를 통해, 물론 당신의 사고를 거친 사파티스타 소식을 듣고 싶습니다.

구스타보 먼저 저는 사파티스타를 지지하지만 사파티스타의 일원이 아니라는 점은 명확히 해둬야겠네요. 사파티스타는 치아파스의 밀림에서 싸우고 있는 사람들을 의미하니까요. 저는 일개 시민일 뿐입니다.

— 예, 그 목소리가 듣고 싶었습니다.

구스타보 저는 이곳 UAM에서 박사 논문을 쓰고 있습니다. 사파티스타를

마르코스는 '거울의 덫'이라는 표현을 사용했다. 거울로 우리의 얼굴을 들여다볼 수는 있지만 반대로 우리는 거울에 비친 만큼만 자신을 인지한다. 어쩌면 거울은 거울 바깥의 모습을 사고할 상상력을 차단시키는지도 모른다. 마르코스에게 혁명이란 하나의 사회 체계를 다른 체계로 바꾸는 것이 아니다. 그런 혁명의 상상은 거울에 비친 '물구나무 선 이미지'에 불과하기 때문이다.

학적 대상으로 삼고 있는 셈이죠. 한편 사파티스타는 2005년 라칸도나 밀림의 여섯 번째 선언을 통해 '다른 선거'La otra campaña를 내놓았는데, 저는 그 활동에 참여하기도 했습니다. 즉 제게 사파티스타는 학문적 관심인 동시에 정치적 약속입니다.

— 우선 논문의 주제부터 여쭤봐도 될까요.

구스타보 사파티스타 카라콜caracol 사례를 통해 그들의 반란과 원주민 자치권을 연구하고 있습니다.

— 논문의 초점은 사파티스타의 조직 구성에 맞춰져 있나요.

구스타보 정확히 말하면 사파티스타 조직이 아니라 사파티스타를 지지하는 마을들에서 일궈진 사회적 · 정치적 단체들을 연구하는 것이죠.

2000년부터 2005년까지 사파티스타의 동향

— 한국의 사상계에도 사파티스타에 관한 관심이 있습니다. 그러나 그 초점은 구체적 활동보다는 사파티스타가 지닌 상징성에 맞춰져 있는 듯합니다. 아마도 사파티스타에 관한 저작들이 주로 마르코스 부사령관의 글을 번역한 내용들이라는 점도 한몫하겠죠. 마르코스의 책은 벌써 여섯 권가량 번역되었습니다. 하지만 사파티스타가 한국의 좌파 운동에

어떤 영감을 안긴 것도 사실입니다. 한동안 인터넷과 잡지 등의 매체를 통해 심심치 않게 그들의 소식을 접할 수 있었습니다. 하지만 요즘은 도통 찾아보기가 어렵네요. 그래서 최근 수년간 사파티스타의 동향을 여쭙고 싶습니다.

구스타보 소식이 뜸해졌다면 아마도 그것은 사파티스타 운동의 국면과 관계가 있으리라 생각합니다. 현재 사파티스타는 원주민의 권리문제에 집중하고 있기 때문입니다. 어디서부터 이야기를 풀어갈까요. 2000년부터 2006년까지 정말 많은 일들이 있었습니다. 그중 중요한 사건을 꼽으라면 단연 2000년 선거에서 70년 가까이 집권해온 제도혁명당PRI이 패배하고 국민행동당PAN의 비센테 폭스가 당선된 일이겠죠. 비록 그가 보수파이긴 하나 2000년 선거는 변화와 희망을 의미했습니다. 그리하여 좌파도 폭스에게 표를 던졌습니다. 제도혁명당을 축출하기 위해서 말입니다. 사파티스타는 그 어느 후보도 지지하지 않았지만, 폭스가 당선되어 오랫동안 중지되었던 정부와의 협상을 재개할 실마리를 잡았습니다.

그리고 2001년 '대지의 색채 행진'La Marcha del Color de la Tierra에 나섭니다. 익히 알고 계시는 마르코스를 비롯해 모든 부사령관이 여러 주와 도시들을 경유해 치아파스에서부터 멕시코시티까지 올라왔습니다. 그들은 '원주민의 권리와 문화에 관한 법안'ley de derechos y cultura de indigena을 제정하라고 요구했습니다. 애초 이 법안은 1996년 세디요 전 대통령과 합의한 산 안드레스 협약Acuerdo de San Anderes에 의거하고 있습니다. 그 협약을 법안으로 옮기기 위해 '평화와 화합 위원회'를 꾸려서 압력을 넣었습니다.

에스더, 타초 두 부사령관은 이 법안이 왜 필요한지에 대해 의회에서 연설했고, 그 연설은 전국으로 방영되었습니다. 이 법안은 원주민 자치권을 골자로 하고 있습니다.

이 행진은 수많은 사람이 참여한 가운데 멕시코시티의 의사당 앞에서 마무리되었고, 사파티스타는 그들의 지지자들과 함께 치아파스로 돌아갔습니다. 그런데 그해 의회에서는 거꾸로 뒤집힌 법안이 통과되었고, 사파티스타는 이제 막 재개된 정부와의 대화를 중지해버립니다. 사파티스타는 모든 정당 그리고 정치 집단과 더 이상 대화의 가능성은 없으며, 그들이 원주민을 배반했다고 선언합니다. 그리고 광범한 원주민 운동 진영도 새로운 법안을 승인할 수 없다고 밝히며 정부와의 대화를 그만둡니다.

— 그것이 2001년의 일이군요.

구스타보 예, 이후 시민활동가 그룹과 접촉하는 일은 있었지만 공식적인 대화에는 나서지 않습니다. 그리고 2003년 트레세아바 에스텔라La treceava estela 성명서를 통해 새로운 법안을 거부한다고 거듭 밝히고 원주민 공동체의 자치를 선언합니다. 이때 조직 체계를 개편하는데 아과스칼리엔테스Aguascalientes라고 불리던 다섯 개의 영역 편제, 즉 지난 조직구조는 시효를 다했고, 이제 다섯 개의 카라콜로 바뀐다고 천명합니다. 지금 우리가 알고 있는 사파티스타의 조직 체계가 이때 생겼죠. 이름만 바뀐 것이 아닙니다. 조직 체계의 기능이나 정치적인 관점도 바뀌었습니다. 각각의 카라콜은 '좋은 정부 위원회'Junta de Buen Gobierno를 갖습니다. 무장 조직 부문과 사파티스타 마을의 민주적 조직 부문, 즉 의회와 무장투쟁 사이에 균형을 맞추는 작업이었던 셈이죠. 2년간 정비 과정을 거쳐 2005년에는 라칸도나 밀림의 여섯 번째 선언이 나옵니다.

여섯 번째 선언은 멕시코를 다시 건설하겠다는 목적에서 제출되었습니다. 세 가지 기본 축을 가지는데 첫째, 전문 정치가들이나 정당과는 거리를 두되 기층부터 반자본주의를 지향하는 좌파까지 아우르며 새로운 정치의 모델을 개척할 것. 둘째, 헌법을 개정하는 것이 아니라 새로 제정할 것. 셋째, 새로운 멕시코를 건설하기 위해 전국적 차원에서 투쟁을 구성할 것 등입니다.

야! 바스타!Ya! Basta! 사파티스타는 세계 민중에게 "야! 바스타!"(이제 그만!)를 외치자고 말한다. 우리 모두는 인간의 존엄을 무시하는 자본주의를 향해, 여성의 권리를 억압하는 가부장적 질서를 향해 "야! 바스타!"를 외쳐야 하고 외칠 수 있다는 것이다. 자율주의 마르크스주의자 해리 클리버는 "야! 바스타!"를 "하나의 '아니오', 무수한 '예'"One NO, Many Yeses라고 표현했다. 'One NO'는 신자유주의 체제이며, 보다 본질적으로는 권위적인 모든 억압이며, 'Many Yeses'는 무수한 인류가 꿈꾸는 다양한 존재와 삶의 방식 그리고 저항 방식의 다양성을 의미한다. 사파티스타는 "야! 바스타"를 통해 그/그녀들의 지역적 투쟁을 세계 민중들의 저항과 연결시킬 수 있었다.

라칸도나 밀림의 여섯 번째 선언

— 현재 사파티스타의 행보를 이해할 때, 이 여섯 번째 선언이 가장 중요한 것인가요.

구스타보 여섯 번째 선언은 가장 최근에 나온 선언입니다. 최근의 3, 4년 사이에서는 방향을 제시한 가장 중요한 선언이라고 말할 수 있습니다.

— 사파티스타의 이름으로 선언이 나왔다고 할 때, 그 주체는 구체적으로 누구인가요. 제가 접할 수 있었던 여러 선언문은 한 개인이 작성한 것인가요. 어떤 과정을 통해 그렇게 방향을 정하는 의사결정이 이뤄지나요. 사파티스타가 어떻게 조직되는지와 관련하여 아무래도 그 점이 궁금합니다.

구스타보 선언의 경우라면 카라콜, 즉 각각의 원주민 자치단체들 안에서 어떤 제안이 나오고 이를 바탕으로 초안이 작성되면, 다시 그 내용에 동의할 만한지 함께 점검합니다. 또한 조금 다른 사례인데요. 여섯 번째 선언은 새로운 멕시코를 구성하기 위해 '다른 선거'를 제안했습니다. 다섯 번째 선언까지는 사파티스타가 바깥 사람들에게 지지를 구체적으로 요청한 적이 없었죠. 하지만 여섯 번째 선언은 바깥으로 참가 요구의 메시지를 보냅니다. 그리하여 사람들은 개인 또는 단체, 인터넷이나 직접 참가 형태로 다양하게 지지를 표하고 동참했습니다.

최근의 동향을 마저 소개하고 싶네요. 2005년에 제안된 '다른 선거'는

2006년 대통령 선거를 겨냥한 것이었습니다. 선거 정치를 거부하고 다른 정치를 시도하겠다는 의지의 표현이었습니다. '다른 선거' 제안 이후에 마르코스는 전국 순회에 나섭니다. 그리고 각 지역과 단체에 자신들의 제안에 동의하는지 의사를 묻습니다. 아울러 사파티스타의 여섯 번째 위원회가 구성되었습니다. 이 위원회는 부사령관들과 지휘관들로 꾸려지는데, '다른 선거'를 통해 멕시코의 다른 운동 단체와 관계를 맺는 데 힘을 기울입니다.

— 마르코스의 순회도 그런 맥락이었겠네요.

구스타보 그렇죠. 순회를 거쳐 단체들의 의견을 취합한 것입니다. 그보다 먼저 서로 어떻게 그리고 왜 투쟁하고 저항하는지 그 내용과 형식들을 알고, 억눌린 현실과 그 속에서 살아가는 자들의 고통을 이해하고자 순회에 나섰습니다. 2005년 12월에 시작된 순회는 남쪽에서 중부로 올라왔다가 2006년 5월 3일, 4일 산 살바도르 아텐코에서 벌어진 경찰의 발포 사건으로 중단됩니다. 아텐코라는 지역에서는 정치범에 대한 탄압이 자행되었습니다. 그래서 이곳에서 잠시 순회를 멈춰 탄압에 반대하고 정치범의 석방을 요구했습니다. 그리고 2006년 말 다시 순회를 재개해 2007년 중반에 순회가 모두 마감됩니다. 이때 멕시코시티에서 한 달가량 머물렀는데, 치아파스에서 군 병력의 탄압이 있어 돌아갔습니다. 거기에는 사파티스타에 반대하는 우파 무장 세력을 조직해 기층 단위에서 내분을 조장하는 복잡한 문제가 깔려 있었죠.

2007년에는 세 차례에 걸쳐 '사파티스타와 세계 민중의 만남'encuento de los pueblos Zapatistas con los pueblos del mundo이 꾸려졌습니다. 그간 사파티스타 마을에서 일궈진 자치권을 보여주는 자리였습니다. 그리고 12월, 마르코스는 산 크리스토발 데 라스카사스 근처에 있는 티에라 대학Universidad de la tierra에서 열렸던 회의에서 이런 식으로 순회를 계속하고 멕시코 전역의 운동 단체를 결집하다가는 자칫 내전으로 번질 수 있다는 우려를 토로했고, 현재 사파티스타는 치아파스 바깥으로 나가는 일을 중단한 상태입니다.

— 사파티스타 스스로 바깥과의 연계 활동을 중단했다는 말씀이신가요.

구스타보 예, 스스로 그렇게 결정을 했습니다. 끊임없는 공세로부터 자신을 지키기도 해야 했습니다. 여섯 번째 선언은 전국적인 단위로 나서겠다는 내용이었지만 잠시 접어두고 있는 상태라 할 수 있죠. 다만 '다른 선거'는 지속되고 있습니다. 사파티스타의 대표자들은 빠진 상태지만, 정치범의 석방과 사파티스타에 대한 무력 탄압 중지를 요구하며 지속되고 있습니다. 가장 최근에 있었던 일이라면 2008년 6월부터 8월까지 진행된 대장정caravana을 꼽을 수 있겠네요. 전국 규모로 그리고 세계 각지의 활동가들도 참가해 사파티스타에 대한 지지를 표명한 행사였습니다. 그 행사는 사파티스타는 혼자가 아니며 고립되어 있지 않다는 사실을 상기시켜주었습니다.

— 이제 겨우 최근의 움직임을 다소 이해할 수 있겠네요. 저도 여섯 번째 선언은 번역된 내용이 있어서 읽은 적이 있습니다. 하지만 그 선언의 내용을 이해하기 위한 맥락은 너무도 아는 바가 없어 정치적 수사로 넘기고 말았습니다. 멕시코의 정치 상황과는 무관하게 읽은 셈이죠.

구스타보 번역은 어땠나요.

— 한국에도 사파티스타를 지지하고 국제 연대를 도모하는 그룹들이 있습니다. 그들이 곧잘 선언문을 옮깁니다. 번역은 이해하기 어렵지 않

마르코스는 말한다. "나는 샌프란시스코에서는 동성애자고, 남아프리카에서는 흑인이며, 산 크리스토발의 거리에서는 원주민이고, 독일에서는 유대인이며, 보스니아에서는 평화주의자고, 안데스에서는 마푸체 인디언이다." 반역은 억눌린 화산처럼, 가능한 미래처럼, 아직 현존하지 않는 실존처럼, 신경증처럼 우리 안에 존재하며 우리 바깥으로 분출해 우리로서 넘실댈 수도 있다. 그러나 마르코스의 말, 그의 표현을 빌리자면 "자신을 고무시키는 집단적 심장 속에 깃든 직관의 표현"은 절반의 진실만을 담고 있다. 서로가 짊어진 세계의 비참은 이어져 있으며, 그만큼 다르다. 저 아름다운 선언 속에는 담기지 않는 절반의 진실이 있다. 서로의 반역은 다르며 따라서 번역되어야 한다.

습니다. 하지만 멕시코의 정치적 실상까지는 소개되지 않아 실은 이해하기가 어렵습니다. 제가 더 알아보지 않은 탓도 크고요.

구스타보 한국에서 번역되었군요. 여섯 번째 선언은 이전의 선언과 다릅니다. 이전의 선언은 원주민을 위한, 원주민에 의한 정치를 주장했지만, 여섯 번째 선언은 다른 단체와의 연대를 내놓았죠. 원주민 자치를 촉구하지만 원주민만을 위해 원주민의 편에서만 내놓은 것도 아니었죠.

한국에서의 독법에 관하여

갑자기 구스타보 씨의 전화기가 울렸다. 그가 전화를 받으러 나간 사이에 통역자는 푸에블로pueblos라는 말을 어떻게 옮겨야 할지 고민스럽다고 말했다. 민중이라는 어감과 공동체라는 어감이 함께 담겨 있고, 지역의 단위이자 곧 사람의 단위이며 땅의 이름이기도 하다는 것이었다. 구스타보 씨가 돌아왔다.

— 말씀하시는 중에 제가 사진을 찍어도 될까요.

구스타보 잡지에 나오는 건가요.

— 제가 약속드릴 수는 없지만, 아마도 그럴걸요. (웃음)

구스타보 예, 물론이죠. (웃음) 그런데 조금 있다가 가봐야 할 것 같아요.

아이는 아프고, 방금 미국에 사는 친구에게 전화가 왔어요. 죽마고우예요. 어떻게, 다시 시간을 잡아서 볼까요. 아이가 전화할 때까지는 일단 시간이 될 것 같은데요.

어쩌면 지금까지의 이야기는 미리 알아보고 인터뷰에 나서야 했는지도 모른다. 이제 가까스로 본 궤도에 올랐는데 시간이 없었다. 또한 사흘 후에 나는 멕시코시티를 떠나야 했다. 인터뷰는 "아이가 전화할 때까지" 운명에 맡기고 계속 이어가기로 했다. 이때부터 시간이 아쉬워서 질문을 압축해서 던진다는 게 말이 많아진 꼴이 되었다.

— 한국에서 사파티스타는 멕시코의 정치 상황과 유리되어 하나의 상징처럼 수용되었다는 인상입니다. 제가 생각하건대 세 가지 정도의 이유가 있는 것 같습니다. 첫째, 사파티스타가 주로 마르코스의 작품을 통해 유입되는 과정을 거쳐 문학적이고 철학적으로 윤색된 것이죠. 물론 그의 작품은 어떤 극한 상황에서 일궈낸 전환의 산물이겠지만, 상황의 바깥에 있는 자가 그의 작품을 통해 그 무게를 감지하기란 좀처럼 쉽지 않습니다.

둘째, 마르크스주의 붕괴 이후 한국의 활동가에게는 새로운 활동과 비전에 대한 수요가 있었고, 그 수요도 함께 고려해야 하지 않나 싶습니다. 여기에는 아이덴티티에 근거한 기존의 운동을 어떻게 극복할 수 있는지가 화두로 놓였다고 생각합니다.

셋째, 이와는 다른 층위이나 결부된 문제로서, 한국의 지식계에서는 자율주의나 후기 구조주의 담론이 힘을 얻었지만 그 주장이 서유럽에서 터져 나온 것은 60~70년대로 지금의 한국과는 시간적 격차가 있으며, 정작 서유럽에서는 현재 그런 양상의 운동을 발견하기 힘듭니다. 이런 조건에서 사파티스타는 그 논의를 동시대적으로 실증하는 하나의 전범으로 이해된 구석도 있습니다. 만약 실제 그렇다면 이렇듯 멕시코와 한국 그리고 서유럽 사이의 위계와 굴절된 관계를 배경으로 한국의 운동계와 지식계 안에서 자리잡은 사파티스타의 이미지는 매우 복잡한 함의를 갖고 있겠죠.

그 내용을 전부 아우를 수는 없겠지만 오늘 말씀을 들으면서 다음의 두 가지 이미지와 관련해 질문을 드리고 싶어졌습니다. 다분히 지적인 색채가 가미된 이해 방식일 수 있겠는데요. 하나는 사파티스타를 아이덴티티의 정치에서 벗어난 한 가지 전형으로 이해하는 경우이며, 다른 하나는 권력, 특히 국가권력의 상상력에 포획되지 않은 운동이라는 평가에 관해서입니다.

구스타보 아이덴티티의 정치라면 무엇을 뜻하나요.

— 가령 노동자들이 노동 운동을, 여성들이 여성 운동을 하듯 사회적으로 주어진 자신의 계급, 신분, 성별 등과 같은 아이덴티티에 근거해 권리를 요구하는 운동을 가리킵니다.

구스타보 그런 운동이 아니라면 한국에서는 무엇이 운동의 축이 되나요.

— 지금은 그 모색기로 보입니다. "나는 누구인가"라는 물음은 중

요하지만, 그 물음이 우선시된다면 다른 물음들을 내리누를 수 있다는 거죠. 또한 아이덴티티는 범주와 구획을 전제로 하고 있으니 폭력성이 깃들 수도 있고요. 물론 이런 사고에서는 지적 색채가 묻어납니다.

그런데 사파티스타가 그렇게 수용되기도 했습니다. 가령 검은 스키마스크는 아이덴티티를 감춘다는 상징으로 받아들여졌죠. 마르코스가 했다던 유명한 말 "우리는 원주민이고 여성이고 약자이며 모두입니다"라는 말은 "멕시코가 가면을 벗는 날 우리도 가면을 벗을 것입니다"라는 말보다 더한 울림을 갖고 전해진 것이 사실입니다. 하지만 오늘 말씀을 들어보면 사파티스타는 멕시코라는 구체적 역사에 기반을 두고 원주민의 권리 회복과 자치를 요구하고 있기 때문에, 아이덴티티는 응당 운동의 기반일 것이라고 여겨지는데요.

구스타보 사파티스타는 아이덴티티에 근거해 원주민의 권리 회복을 주장합니다. 물론 과거 마르크스주의의 반자본주의적 전통을 계승하는 측면도 있습니다. 라틴아메리카에 뿌리를 둔 급진 좌파의 영향도 배어 있고요. 하지만 사파티스타는 멕시코 원주민의 권리 회복 운동입니다. 아이덴티티에 기반을 둔 운동이죠. 그래서 여섯 번째 선언이 사파티스타 운동의 근간을 원주민만이 아니라 더 많은 존재들에게로 넓혀가겠다고 선언했을 때 멕시코의 여러 지식인이 떨어져나갔습니다. 구체적인 곳에 역량을 모으지 않고 초점을 흐린다고 반대했던 것이죠.

— 그렇다면 권리 요구와 권력의 문제는 어떨까요. 권리 요구는 자

칫 국가에 권리를 보장해달라는 요구가 되었을 때, 기성 제도와 체계에 대한 승인을 전제하게 됩니다. 그 권리를 보장해줄 국가의 권한을 인정하는 것입니다. 물론 현실의 정치 과정은 그만큼 단순하지 않겠죠. 그래서 "자치권을 요구한다"는 복잡한 형태로 표출되었다고 생각합니다.

여기서 제가 여쭙고 싶은 것은 국가에 대한 입장입니다. 오늘 설명해주신 사파티스타의 최근 동향에서도 '국가에 대한 입장'이 사태를 이해하는 기본 골격이 된다는 인상을 받았습니다. 또한 방금 말씀하신 지식인의 반응도 이 대목을 둘러싸고 상당히 복잡한 것처럼 보입니다. 가령 존 홀로웨이와 같은 지식인은 국가권력을 장악하지 않고도 혁명을 꿈꾼다며 사파티스타의 정신을 높이 샀고, 혹자들은 그것이 사파티스타 판타지라고 비판했으며, 옥타비오 파스와 같은 지식인은 그들이 멕시코의 정치 현실에서 유리되었다고 꼬집었죠.

구스타보 사파티스타는 소비에트 사회주의나 마르크스주의 운동이 그렇듯 국가권력을 탈취해 운동을 성사시키려는 생각은 하지 않습니다. 오히려 새로운 권력을 구성한다거나 혹은 새로운 정치 공간을 일군다고 보아야겠죠. 사파티스타 운동은 정부와의 대화에 나서 평화적 해결을 도모하고 있습니다. 대화 상대자로서 국가를 인정하고는 있습니다. 하지만 국가권력을 장악할 계획은 없으며 대신 국가를 새롭게 구성하려고 합니다. 새로운 네이션을 만드는 겁니다. 사파티스타는 2004년 이후 정부와의 대화를 중단했습니다. 그러고는 '다른 선거'를 들고 나왔죠. 다른 단체와 공유 지점을 만들어나가며 새로운 정치 공간을 구축하는 데 치중하고 있습니다.

치아파스의 저항하는 여성들.
옥타비오 파스, "봉기는 비현실적이며 실패하도록 예정되어 있다. 우리나라의 상황과 필요에 맞지 않는다. 이 운동은 이데올로기적 근거가 빈약하다. 그들의 이데올로기에는 '의고주의'arcaismo가 뚜렷하다. 우리의 시대와는 다른 시대에 사는 사람들의 단순한 사고다. 거기에는 반역의 망상적 성격 외에 폭력에 대한 숭배가 담겨 있다."
존 홀로웨이, "사파티스타는 진부한 혁명의 언어에서 벗어나 새로운 혁명 언어를 발전시키려고 노력했다. (……) 상상하기, 말하기는 몹시 중요하다. 심각한 메시지를 대중적으로 전파하기 위해서가 아니라 무엇보다 반란의 언어는 기본적으로 지배의 언어와 달라야 하기 때문이다. 지배는 진지하고 따분하다. 반란은 재밌어야 한다."
두 가지 모두 사진 속 상황의 바깥에서 나온 발언일 것이다.

— 이제 가보셔야 할 것 같은데, 서둘러 마지막 질문을 드리겠습니다. 구스타보 씨는 사파티스타의 일원이 아니라 사파티스타 연구자입니다. 학술적 연구와 개념으로 그들의 절규를 담는 일이 무척 어려우리라 짐작합니다. 더구나 현재 벌어지는 동시대사의 사건이기 때문에 연구 대상으로 삼기에 더욱 어려움이 따르리라 생각합니다. 그 두 가지 문제, 즉 학술 언어로 운동을 묘사하고 분석해야 한다는 문제와 동시대사의 사건이라는 문제를 어떻게 의식하고 풀고 계신지 여쭙고 싶습니다.

구스타보 두 번째 질문부터 답할까요. 저는 가능하다고 생각합니다. 예전에 다른 지역의 원주민 조직을 연구한 적이 있습니다. 현재 진행형의 정치적 사안에 관한 연구물은 아주 많습니다. 제가 특이한 경우는 아니죠. 둘째, 사파티스타 구성원이나 원주민 공동체의 누구일 수도 있겠으나 그 주체의 목소리를 바탕으로 그 목소리들의 서사를 좇아갈 작정이기 때문에 가능하다고 생각합니다. 셋째, 사파티스타는 벌써 20년 가까운 역사를 가지고 있습니다. 또한 사파티스타 운동은 단발적 사건이 아니라 치아파스주 지역 운동이라는 커다란 전통 속에서 조명할 수 있기 때문에 역사성과 맺어질 수 있습니다.

이제 언어를 고르는 문제인데요. 어떤 운동을 학적 대상으로 삼을 경우 연구자가 어느 위치에 있느냐에 따라 많은 것들이 달라지죠. 어떤 학문적 훈련을 거쳤느냐 어떤 방식으로 접근하느냐. 또한 이런 것들도 문제가 되겠죠. 학문적 위치에 있느냐 바깥에 있느냐, 그 운동을 지지하느냐 아니냐, 운동 가까이에 있느냐 아니냐.

치아파스의 농민들.
에티오피아에는 이런 속담이 있다고 한다. "영주가 지나갈 때, 현명한 농부는 머리를 조아리면서 조용히 방귀를 뀐다." 영주의 눈, 귀 그리고 코에 농부의 방귀 소리는 감지되지 않는다. 그렇지만 농부 자신에게 그리고 다른 농부들에게 그 방귀는 너무나 분명하다. 그것은 불복종을 뜻하는 세계의 숨겨진 진실이다.

저는 사파티스타를 지식의 대상으로 삼으려는 게 아닙니다. 학술 논문이니 논문의 관점은 취해야 하겠지만, 대상을 학술적으로 해석할 생각은 없습니다. 아직 현장 조사는 시작하지 못해서 잘라 말하기는 어렵지만, 저는 운동 주체들 사이에 이뤄지는 대화의 형식, 즉 사파티스타 구성원들 사이에 이뤄지는 의미의 교환에 관심을 갖고 있습니다. 실증연구를 할 계획은 없습니다. 또한 주체의 목소리를 덮는 논문을 쓸 생각도 없습니다. 그리고 저는 사파티스타를 지지하기 때문에 공감하느냐 하지 않느냐는 대목에서 내적 갈등을 겪지는 않습니다.

그런데 이제 마쳐야겠네요. 아이에게 가봐야 할 거 같아요. 다음에 기회가 된다면 한국에서 어떻게 사파티스타가 받아들여지는지 좀더 들어보고 싶습니다. 아, 그리고 함께 사진 한 장 찍어야죠.

— 그럴까요. 귀한 시간 내주시고 좋은 말씀해주셔서 정말 감사합니다.

언어의 단층들

질문은 어설프고 가벼웠으며 답변은 묵직했다. 사실 구스타보 씨는 잡지에 실린다는 사실을 인터뷰 직전까지 모르고 계셨다. 그런데도 콕 찌르면 꿀물이 흐르듯 저렇듯 정리된 말씀을 간직하고 계셨다. 나는 그렇지 않았

정부군에 저항하는 치아파스 주민들.
억압된 자들의 언어에는 지배의 상흔이 새겨져 있다. 그러나 억압된 자는, 빈자貧者는 자신의 공복을 채우려고 언어를 씹어 먹는다. 먹을 것이 없는 자들은 자신의 언어를 삼키고, 기댈 곳이 없는 자들은 자신의 언어에 기댄다. 그들은 다른 언어를 만들어낸다.

다. 가령 구스타보 씨가 한국에서는 무엇이 운동의 축이냐고 물었을 때 과도기라며 얼버무리고 다시 화제를 사파티스타로 옮겨갔다. 혹시 지적으로 윤색되었을지 모를 한국의 사파티스타 수용 방식을 문제 삼고 싶었지만 내 질문 자체가 그랬다.

인터뷰 시간이 짧아서 아쉬웠다. 준비해놓은 질문 가운데 마르코스와 멕시코 지식인 사회의 반응에 관한 것은 결국 꺼내지 못했지만 아쉽지는 않았다. 그 질문들은 왠지 선정적 대목을 좇는 것 같아 조심스러웠다. 더 묻고 싶었던 것은 '언어의 단층들'이었다. 이곳에서는 정말 그런 유의 선언문들이 몇몇 개인의 감상을 넘어 현실을 때리고 있는지, 만약 그렇다면 그것을 수사로 넘겼던 내 쪽의 시각을 교정하고 싶었다. 더불어 문화적 토양이 어떻게 다르기에 그런 차이가 빚어지는지도 따져보고 싶었다. 그리고 구스타보 씨가 답변을 하셨지만 역시 시간에 쫓긴 티가 역력한 문제였던, 학술의 언어와 현실의 절규 사이의 간극도 더 곱씹고 싶었다.

분명 분노에서 시작되었을 텐데 체계적 연구 끝에 분노가 탕진된 결과물들을 이따금 접한다. 그보다 학술 언어가 대상의 복잡함을 가리거나 대상과의 안전한 거리를 확보하는 데 쓰이는 장면을 더 자주 목격한다. 개념을 내놓고 그만큼 뒷걸음질 친다. 그리하여 날이 선 격론이 실은 현학적 개념들이 공전空轉하는 소리에 불과한 경우도 종종 보았다. 남 얘기가 아니다. 그 자리에 일부로서 참여하고 있었기에 나는 본 것이다.

사파티스타의 언어에는 무언가가 있다. 그들은 상징을 활용해 현실의 색채를 바꿔놓았다. 그리하여 혁명의 언어는 진부함을 벗어났으며, 오래

된 관념들조차 다시 생명력을 얻었다. 그러나 산 크리스토발 데 라스카사스에서 본 그 다큐멘터리, 그들의 언어가 저렇게 편집되었을 때 그것은 왠지 현실에서 떠 보였다. 무엇이 걸러져나갔기에 그렇게 보인 걸까. 말이 다음 말로 넘어갈 때 앙금처럼 남아 상대에게 실감을 안기는 그 현실이라는 요소는 어떻게 존재하는 것일까.

구스타보 씨의 목소리를 옮겨 적으며 보다 복잡한 경로를 생각하게 된다. 원주민의 절규, 그들의 권리를 주장하는 사파티스타, 그리고 그 언어를 작품으로 승화시킨 마르코스, 그들을 연구하는 구스타보 씨, 스페인어를 한국어로 옮긴 통역자, 그리고 한국에서 접해온 내용을 바탕으로 그 말을 이해하려던 나 사이에는 대체 몇 겹의 번역 행위와 언어의 단층이 가로놓여 있을까. 현실은 이 가운데 어느 언저리에 머물고 있을까. 번역을 거칠수록 현실은 엷어지는 것일까, 아니면 동등한 무게를 지닌 채 복수로 존재하는 것일까.

5

파나하첼, 그리고 통역의 첫 장면

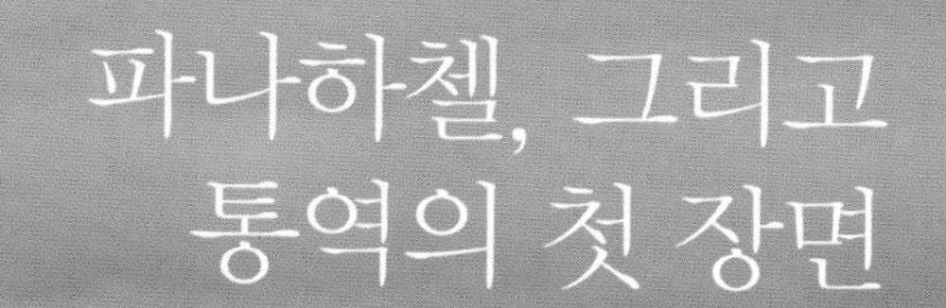

빨래와 실착

빨래를 맡긴 게 잘못이었다. 아홉 시까지 찾으러 오라는 말에 사파티스타 다큐멘터리를 보다 말고 영화관을 나서 부랴부랴 세탁소로 뛰었다. 잠시 길을 헤맸지만 설마 아홉 시 땡 한다고 세탁소 문을 닫기야 하겠는가라는 불안을 떨쳐내며 냅다 달려갔다. 10분쯤 늦었지만 다행히 세탁소에 불이 켜져 있었다.

문제는 그때부터였다. 세탁물이 없어진 것이다. 카운터는 물론이고 세탁실, 세탁실 안의 모든 세탁기와 세탁기 안의 모든 세탁물을 뒤져보았지만 맡겨놓은 옷들은 보이지 않았다. 그러면 당황할 법도 한데 카운터의 아가씨는 늦게 온 게 잘못이라며 태연했다. 사실 오후 2시쯤 찾으러 오라고 했는데 나 블롬 박물관을 다녀오느라 늦은 시간으로 변경한 것이었다. 그렇다고 세탁물이 없어질 일은 아니지 않은가. 하지만 그 아가씨는 딱히 분실물을 책임져야 할 입장도 아니었다. 내가 갔어야 할 시간에는 다른 담당자가 있었고, 당연히 세탁하는 사람 따로, 세탁물을 배달하는 사람 따로 있었다.

그녀는 내일 오라고 했다. 하지만 그럴 수 없었다. 내일 온다고 세탁물이 돌아오리라는 보장도 없었으며 아침 7시면 과테말라로 넘어가는 버스를 타야 했다. 과테말라로 가기 전에 옷을 빨아 입겠다던 계획이 발목을 잡은 것이다. 어떻게든 오늘 해결을 봐야 했다. 겨우겨우 일을 마치고 집에 들어가 있는 관리자에게 연락을 취할 수 있었다. 곧 온다더니 자정 무렵이 넘어서야 나타났다. 그는 다시 한번 모든 세탁기와 세탁물을 뒤졌지만 당연히 허사일 수밖에. 나는 안달하는데 상대는 태연해서 화가 났다.

그런데 이상하게 사람보다 어떤 시스템에 조롱당하고 있다는 느낌이었다. 경찰을 부른다고 해도 일만 복잡해질 뿐 뾰족한 수가 날 것 같지 않았다. 결국 알고 보니 배달 사고였다. 부탁도 안 했는데 빨래를 호텔로 배달해준 것이다. 그것도 딴 호텔로. 새벽 1시가 넘어서야 세탁물을 챙겨 내 호텔로 돌아왔다. 마음은 이미 탈진 상태였다. 호텔방은 정전이었다.

국경을 넘다

다시 돌아오기야 하겠지만 멕시코를 떠나는 뒷맛이 안 좋았다. 더구나 중요한 날을 앞두고 벌어진 일이었다. 처음으로 국경을 발로 밟아 넘는 날이었다. 이제껏 비행기로는 국경을 넘어보았지만 국경을 발로 밟아본 적은 없었다. 공항에서 다른 공항으로 이어질 뿐이었다. 공항들은 얼마나 닮아 있는지.

국경 지대를 경험하고 싶었다. 국경 지대를 향한 동경은 아마도 한국에서 나고 자라 더 큰지도 모른다. 한국은 반도지만 어떤 의미에서는 섬이다. 육로를 통해 경계를 마주하는 나라로 건너갈 수는 없다. 외국에 나가면 그야말로 해외海外 여행이다. 이번 여행 내내 생각했다. 국경을 자기 발로 건너는 일은 분명 매력적이며 사색적인 경험이리라. 그 경험을 만끽하려면 체력을 비축해둬야 했는데, 잠도 제대로 이루지 못한 채 국경 지대로 나섰다.

산 크리스토발 데 라스카사스에서 채 두 시간도 걸리지 않아 국경 도시에 접어들었다. 버스는 거기서 멈췄고 내려서 걸어야 했다. 나중에 안 사실이지만 모든 버스가 국경 앞에서 돌아가는 것은 아니었다. 캐나다까지 종단하는 버스도 있었다. 다만 버스로 국경을 건널 때는 마치 하나의 의식처럼 큰 가방은 화물칸에 맡기고 작은 가방은 자기가 진 채 내려서 간단히 세관을 거친 뒤 다시 버스에 오른다. 국경을 넘는 일은 정말 쉬웠다. "멕시코에 오신 것을 환영합니다"와 "과테말라에 오신 것을 환영합니다"라는 두 표지판 사이를 걸어갔을 따름이다. 그 가벼움이 좋았다. 한껏 의미를 부여해보고 싶은 가벼움이었다.

과테말라로 들어왔다. 들어서자마자 반겨준 이들은 환전꾼들이었다. 멕시코 페소나 달러를 바꾸라는 것이었다. 워낙 여러 사람이 달라붙어 되레 건성건성 환율만 물어보며 거드름을 피웠다. 한국에서 공항이 환율을 그다지 잘 쳐주지 않듯이 좀더 안쪽으로 들어가서 바꿀 요량이었다. 달러 없이 멕시코 페소만 가진 나로서는 나중에 두고두고 후회할 일이었다.

이제 국경을 넘었으니 목적지는 파나하첼이다. 버스를 잡아야 했는데 역시나 정기버스보다 저렴한 미니버스가 있었다. 에누리를 더해 티켓을 구했다. 국경 지대는 환전꾼이나 장사치뿐 아니라 여행자들로도 북적거렸다. 둘씩 셋씩 모여 있었다. 거기서 재미있는 풍경을 보았다. 나와 동행한 한국인 친구는 스페인어가 가능했다. 아마도 버스를 기다리던 여행자들은 대개 영어는 되지만 스페인어는 되지 않는 모양이었다. 멕시코와 과

VOLCAN
DE IMPUESTOS PLACAS
tigo

WESTERN
UNION
EL VOLCAN
M866BTN

테말라에서는 영어가 좀처럼 통하지 않는다. 차라리 스페인은 영어로 다닐 수 있지만 멕시코 특히 과테말라는 만만치 않다. 하릴없이 기다리고 있자니 심심해서 내 친구는 버스 티켓을 판매하는 사람과 대화를 나누었다. 그런데 다른 여행자들이 친구의 표정에서 어떤 정보를 읽어내려고 유심히 관찰하는 것이었다. 그들 역시 미니버스를 기다리고 있었고 버스는 많이 늦어지고 있었기 때문이다.

제 값을 내지 않은 버스여서인지 30분 기다리면 온다는 버스가 한 시간을 넘겼는데도 무소식이었다. 그때 레오와 윙을 만났다. 본명은 아니고 그들이 서로를 그렇게 불렀다. 홍콩 출신인 이들은 오래전부터 알고 지내던 사이로 이번 여정에서 멕시코에서 과테말라로 넘어와 쿠바, 페루, 볼리비아를 마저 들를 예정이었다.

내게는 아시아인을 만났다는 반가움이 있었다. 하지만 그쪽은 반가움 이상으로 분명한 목적이 있었다. 내 친구가 스페인어를 잘하는 것 같으니 함께 다니자고 제안한 것이다. 낯선 이들과 여행 중에 잠시 길동무가 되는 것은 즐거운 일이다. 사다무네 준코 씨도 만났다. 집채만한 가방을 짊어지고 혼자 서 있었다. 레오와 윙을 만나 괜히 아시아인 그룹이 생긴 것 같아서 준코 씨에게는 내가 먼저 말을 붙였다. 일본인으로 일주를 하는 중이었다. 스리랑카, 네팔, 타이 등을 거쳐 터키를 통해 그리스로, 거기서 다시 유럽의 여러 나라를 돌고 미국으로 건너와 또 멕시코로, 그리고 이곳까지 온 것이다. 8개월째 홀로 여행 중이었다. 이후로는 칸쿤에서 뉴질랜드로 떠날 작정이라고 했다.

예정보다 한 시간 가까이 늦게 미니버스가 등장했다. 며칠 전 폭우로 이곳까지 오는 길이 유실되어서 늦어졌다고 한다. 하지만 같은 시간에 미니버스 세 대가 동시에 나타나서 약간 수상했다. 폭우 탓이라면 어쩜 이렇게 딱 맞춰서 같이 늦게 온 거지? 물론 이 의심이 세탁소 건의 여파라는 사실은 잘 알고 있었다.

미니버스는 봉고 크기였는데 사람을 많이 태우려고 짐을 모두 지붕 위로 올렸다. 차곡차곡 열 사람쯤 탔을까. 원래 레오와 윙은 딱히 파나하첼로 갈 계획이 없었다. 사실 파나하첼이라는 곳이 있다는 사실도 모르고 있었다. 나와 친구의 행선지가 파나하첼이라고 하니 거기도 재밌겠다며 덩달아 나섰다. 그들은 묵중한 카메라와 노트북을 포함한 디지털 장비를 갖

승객들의 배낭은 버스 지붕 위로 올린다. 늦게 올린 배낭일수록 떨어질 가능성이 높다.

추고 있었지만, 여행 정보는 신기할 만큼 갖고 있지 않았다. 그냥 묻어서 다니고 싶은 눈치였다. 준코 씨는 파나하첼로 갈 예정이었다. 그곳에 게스트하우스를 예약해놓았다고 했다. 준비가 안 된 것은 나와 친구도 마찬가지. 그냥 묻어서 그 게스트하우스로 가기로 했다.

웃음의 시차

파나하첼은 아티틀란 호수에 면해 있다. 호수는 웅장한 규모이며, 그 호수를 세 개의 화산이 감싸고 있다. 지구를 떠받치는 호수라는 전설이 있을 법했다. 파나하첼에는 몇몇 선주민의 마을이 있다. 규모는 크지 않지만 호수를 둘러싸고 띄엄띄엄 떨어져 있어서인지 마을마다 독특한 문화적 개성을 품고 있다고 들었다. 그리고 1960년대부터는 히피들이 대거 이주해 정착하고 있다는 이야기도 들었다. 그리하여 파나하첼은 '외국인들의 마을'이라는 뜻의 '그린고테난고'Gringotenango라는 별명을 가지고 있다.

버스의 최종 행선지는 파나하첼이지만 연결선이 있어서 가령 중간에 멈춰 안티구아로 향하는 승객을 다른 버스에 옮겨 태운다. 그런데 뒤집어서 말하면 애초 안티구아로 가려던 여행자가 연결선을 못 만나면 그대로 파나하첼로 가야 하는 것이다. 버스에 탄 두 이스라엘 여행자가 그 꼴을 당할 뻔했다. 하지만 파나하첼에 거의 다 도착해서 용케 안티구아로 떠나는 연결선을 만날 수 있었다. 그렇게 사람들이 옮겨 타기를 거듭하더니 결

아티틀란 호수. 화산이 호수를 두르고 있다. 커다란 호수여서인지 제법 일렁임이 있다. 체 게바라는 혁명의 꿈을 접고 이곳에 안착하려고 한 적이 있다. 이곳에 안착해 혁명가가 되지 않은 사람도 있을 것이다. 그 사람의 이름을 나는 알지 못한다.

국 버스에는 아시아에서 온 우리만 남게 되었다. 이제 말 걸기가 한결 수월해졌다. 하지만 모국어가 다른 우리는 결국 영어로 대화해야 했는데 영어로 말할 때 느끼는 고약한 감각은 그때도 여전했다.

처음 다른 나라에 여행을 다녀온 것은 고등학교 때 호주였는데 그때 기억은 신기할 정도로 남아 있는 게 없다. "혹시 『천국의 열쇠』 읽어보았나요"라는 물음으로 시작된 한 여학생에 관한 이야기가 기억의 전부다. 여행의 원점이 된 곳은 인도였다. 2004년 1월 세계사회포럼이라는 행사가 있어 참가, 참가라기보다 구경하러 갔다. 포럼이 끝난 뒤 일주일가량 고아나 함피 등지를 돌아다녔다. 마치 대학 2학년 때 설악산에 다녀온 후에 한동안 거르지 않고 매 계절 산을 찾아다녔듯이 인도에 다녀온 뒤로 자주 바깥으로 나서게 되었다.

세계사회포럼에서 그 고약한 경험을 했다. 세계 각국에서 참가자들이 모였고 인도의 공용어가 영어다 보니 회의는 기본적으로 영어로 진행되었다. 그런데 참가자들과 영어로 대화할 때 내게는 미국인보다 현지인 쪽이 편했다. 내가 배운 영어는 실상 미국어인데도 말이다. 사실 그 까닭은 알고 있었다. 회화는 자기 리듬인데 영미권 참가자와 대화를 나눌 때면 정확한 문법과 발음에 (그런 게 실제로 존재할까 싶지만) 신경 쓰느라 주눅이 든 것이다. 거창하게 풀이하면 내 안의 오리엔탈리즘이었다. 하지만 현지인을 상대할 때는 그런 심리적 장벽이 없었다.

이번 여행길에서도 그 감각이 있었다. 그래서 버스에 아시아인만 남게 되니 부담이 한결 덜했다. 하지만 이번에는 심리 상태가 문제가 아니었다.

원래 영어 회화에 서툰 데다가 여행을 오기 전 1년 반 동안 도쿄에서 지낸 탓에 자꾸 일본어가 헛나왔다. 스페인어에 젖어 살던 동행자도 사정은 마찬가지였다. 자꾸 스페인어 단어를 꺼내는 것이었다. 의식조차 못한 채. 우리보단 덜 했지만 레오와 윙도 의사소통에 어려움을 겪고 있었다. 반면 여행 8개월째인 준코 씨는 능숙했다. 화제가 복잡해지면 화려한 손동작에 간절한 눈빛을 담는 수밖에 없었다. 결국 먼저 나서서 자신의 모국어와 제일 잘하는 외국어를 섞어 서로에게 통역해주자고 제안했다.

과테말라에는 케찰이라는 새가 살고 있다. 꼬리 길이가 몸통의 두 배 정도 된다. 희귀종이어서 직접 보는 일은 드물다. 정글에 가면 볼 수 있는

과테말라의 국조 케찰.

데 주로 안개가 낀 아침에 볼 수 있고 해가 나면 정글 속 깊은 곳으로 사라진다. 새끼 때는 갈색인데 자라면서 아름다운 빛깔을 띤다. 알록달록 무지개 색깔이 많으며 보는 방향에 따라 색깔이 바뀐다. 암컷은 수컷과 몸 색깔은 같지만 가슴은 붉지 않고 긴 꼬리가 없다.

케찰은 과테말라의 국조國鳥로서 자유를 상징한다. 케찰에는 전설이 얽혀 있어 키체족의 마지막 왕 테쿤 우망이 스페인의 정복군과 싸울 때 그의 영적 안내자로 케찰이 늘 그와 함께했다. 1524년 테쿤 우망이 정복자 페드로 데 알바라도의 발아래에 쓰러지자 케찰도 슬픔을 못 이겨 따라 죽었다. 죽으면서 영웅의 피를 가슴으로 받아내 그 후로 수컷 케찰의 가슴은 붉게 물들었고 울음소리도 더 이상 들을 수 없게 되었다. 그래서 지금도 케찰은 잡아 가두면 자유를 동경해 스스로 굶어 죽는다.

케찰의 그 내력은 버스 운전사가 스페인어로 내 친구에게, 친구는 한국어로 내게, 나는 일본어로 준코 씨에게, 준코 씨는 영어로 레옹과 윙에게 아슬아슬하게 옮겨졌다. 버스 운전사가 농담을 던지면 몇 차례의 시차를 두고 연쇄적으로 웃음이 터져 나왔다. 다행히 나는 두 번째로 웃을 수 있었다.

코르테스와 말린체

한 장의 그림이 있다. 먼저 알몸의 두 남녀가 눈에 띈다. 남자의 피부색은 여자와 다르다. 여자는 배경색에 섞이는데 남자는 홀로 두드러진다. 둘은 한 손을 마주 잡고 있다. 다른 한 손은 남자가 건넸지만 여자가 잡지 않는 눈치다. 아니면 남자가 왼손으로 여자를 제지하고 있는지도 모르겠다. 바닥에는 한 남자가 엎드려 있다. 축 처진 팔을 보니 쓰러져 있는 모양이다. 그 남자의 피부색은 여자와 같다. 손을 맞잡은 남녀는 앉아 있는 듯 보이지만 하얀 피부의 남자는 바닥의 남자를 밟고 있는 것처럼 보이기도 한다.

멕시코 화가 오로스코의 작품이다. 건장한 체구에 하얀 피부를 가진 남자는 코르테스다. 바로 정복자 코르테스다. 하지만 주목하고 싶은 쪽은 여자다. 바닥에 쓰러진 남자와 그 남자 위의 코르테스. 그 장면이 고통스러운 듯 혹은 외면하는 듯 눈을 감고 있는 여자의 이름은 말린체다. 그녀를 소개할 때면 보통 "코르테스의"라는 말이 붙는다. 코르테스의 통역관이자 애인이자 후첩이며, 코르테스와의 사이에서 아들을 둔 여인이다.

1519년, 아스테카 제국의 심장부로 향하던 코르테스에게 마야 일파의 카시케족은 평화를 제의하며 선물을 바쳤다. 선물에는 갖은 식료품 말고도 스무 명의 인디오 여인이 포함되어 있었다. 그 여인들 가운데 기록으로 남아 있는 단 한 명의 여자가 있다. 멕시코 정복사의 한 페이지를 장식하는 그녀가 바로 말린체다. 처음에 그녀는 원정대에서 코르테스 다음으로 신분이 높았던 푸에르토 카레로의 시중을 들었지만, 그가 스페인 본국에 밀사로 파견되자 코르테스는 곧 그녀를 정부로 삼았다.

말린체는 인디오와 코르테스 사이에서 통역을 맡았다. 그녀는 유카탄 지역의 마야어와 지금의 멕시코 중부에서 통용되던 나우아틀어를 할 수

〈코르테스와 말린체〉, 오로스코 작, 1923~1926년.

있었다. 마침 코르테스의 일행에는 헤로니모 데 아길라르라는 프란체스코파 사제가 합류해 있었다. 그는 오늘날의 멕시코 지역에 도착하려다가 선박이 침몰해 8년간 마야 지역에서 포로로 지냈는데 그때 마야어를 익혔다. 그리하여 코르테스가 스페인어로 아길라르에게 의사를 전달하면 아길라르는 마야어로 말린체에게 옮기고, 다시 말린체는 나우아틀어로 인디오 부족에게 말을 전했다. 이윽고 말린체가 스페인어를 익혀 더 이상 이중 통역은 필요치 않게 되었다. 뿐만 아니라 그녀는 코르테스에게 인디오의 사고방식과 관습, 종교적 특성과 전통을 알려주고 아스테카 제국의 구석구석을 안내했다.

아스테카 제국을 정벌하던 당시 코르테스의 병력은 군인 508명과 말 16필, 대포 16문이었다. 물론 무기의 우세를 점하고 있었지만 아스테카 제국은 1,100만의 인구와 수십만의 군사를 거느리고 있었다. 그러나 1521년 아스테카의 수도 테노치티틀란은 힘없이 함락되었다. 물론 여기에는 널리 알려진 엄청난 오해의 역사가 깔려 있었다.

아스테카에는 이런 전설이 있다. 깃털 달린 뱀의 형상을 하고 있는 신왕 케찰코아틀은 자신이 다스리던 톨텍 백성들을 떠나며 "때가 되면 나는 너희에게로 돌아가리라. 수염을 달고 하얀 얼굴을 한 자들과 함께. 그 동쪽 바닷가에서"라는 말을 남겼다. 아스테카의 황제 목테수마는 코르테스를 케찰코아틀이라 확신하여 그를 반겨 극진히 대접했다.

하지만 그 한 장면으로 아스테카 제국이 500여 명의 군사들에게 정복되었다고 여긴다면, 그것은 지나치게 극적이다. 당시 아스테카 제국은 서른 개가 넘는 속국을 거느리고 있었다. 속국들은 아스테카 황제에게 막대한 공물을 바쳐야 했으며 아스테카의 지배에서 벗어날 기회를 엿보고 있었다.

이 사실을 코르테스에게 귀띔해준 이가 말린체였다. 코르테스는 인디오들 사이에 내분을 일으켰으며, 독립을 약속하여 유력한 부족들을 끌어들였다. 그리하여 코르테스의 군이 아스테카의 수도로 진격할 때 원정군의 몇 배에 달하는 수천의 동맹군이 합류했다. 말린체는 부족들 사이를 오가며 능란한 언변으로 일을 성사시켰다. 그녀는 번번이 인디오들이 스페인군을 습격하려는 정보를 미리 알아내 코르테스에게 알려주기도 했다. 코르테스는 말했다. "내가 성공한 데는 하느님 다음으로 말린체의 공이 크다."

디에고 리베라가 팔라시오 나쇼날에 그려놓은 케찰코아틀(왼쪽).
목테수마와 대면한 코르테스. 뒤에서 말린체가 코르테스를 돕고 있다(오른쪽).

말린체의 여러 이름

말린체는 어떤 여자였을까. 그녀는 총명하고 아름다웠다는 설이 많다. 아름답다는 말은 전거가 있어 코르테스 원정대의 기록을 담당했던 베르날 디아스 델 카스티요는 『누에바 에스파냐 정복의 진실』에서 그녀를 "미녀이고 사교적이며 자유분방한" 여자로 묘사해놓았다. 총명했다는 말은 그녀가 여러 인디오의 언어를 꿰고 있었고 스페인어도 금세 익혔으며 결국 코르테스의 정복을 성사시켜서 나온 설이지 싶다. 그러나 정작 그녀의 내력은 인상평보다 복잡해 오리무중이다.

그녀가 선물로 바쳐졌다는 건 분명한 듯하지만, 출신이 어디고 여러 인디오 언어를 어떻게 알고 있었는지, 그리고 무엇보다 왜 낯선 정복자에게 협력했는지는 그 전모가 밝혀져 있지 않다. 그녀의 출생을 두고는 마야 지역에서 태어났다는 설과 아스테카 제국에 핍박받던 틀락스칼라 출신이라는 설이 있다. 그녀가 어떻게 여러 언어에 능통할 수 있었는지를 두고도 크게 두 가지 설이 나온다. 그런데 이 설은 묘한 대비를 이루고 있다. 먼저 그녀가 어려서부터 노예로 팔려 다녔다는 설이 있다. 그렇게 이곳저곳을 전전해서 여러 말을 익혔다는 것이다. 이 설은 그녀가 왜 코르테스에게 협력했는지도 설명해준다. 동족에게 멸시와 학대를 받아 동족을 등졌다는 것이다.

두 번째로 그녀가 귀족이나 왕의 딸, 심지어 아스테카의 공주였다는 설도 있다. 그녀의 총명함과 미모에 근거한 설일 가능성이 높다. 또한 스무

명의 여성들 가운데서 그녀가 코르테스의 눈에 유독 띄었다는 것과 그녀가 여러 속국들의 사정에 훤했으며, 상당한 안목과 식견으로 코르테스를 도왔다는 점에서 나온 설로 여겨진다. 두 가지 설은 조합되기도 하는데, 그녀는 고귀한 신분으로 태어났지만 아들이 태어나자 어머니(혹은 계부)가 노예로 팔아넘겼다는 것이다.

그녀를 둘러싼 설만큼이나 그녀를 거쳐 간 이름도 여럿이다. 그녀의 원래 이름은 말리날리였던 모양이다. 그녀를 곁에 둔 코르테스는 '미 렝구아'mi lengua, 즉 '나의 혀'라고 부르며 아꼈다. 그러나 인디오들은 그녀를 말린체라고 불렀다. 정복자의 여자, 배신자라는 뜻이다. 그러나 이와는 달리 존경을 뜻하는 접미사 '체'che가 이름에 붙은 것은 그녀가 강한 권력을 지녔음을 반증한다는 주장도 있다. 그리고 그녀는 코르테스와 늘 동행하여 코르테스 엘 말린체Cortes El Malinche라고도 불렸으며, 가톨릭 세례를 받고 나서는 마리나Marina라는 스페인식 이름을 얻었다. 병사들은 존경의 뜻에서 도냐 마리나Dona Marina라고 불렀다. 그녀는 통역자였고 그녀의 이름은 이미 번역의 산물이었다.

메스티소의 어머니

말린체는 1521년 코르테스의 아들을 낳는다. 아이 이름은 마르틴 코르테스Martín Cortés로 정해졌다. 그런데 1521년이라면 아스테카의 수도인 테노치티틀란이 점령되었던 해다. 말린체는 일찍이 아스테카의 황제 목테수마와 코르테스 사이에서 통역을 맡았으며, 유능하고도 유일한 통역자였으니 이 원정에 참가했을 가능성이 크다. 아이를 낳은 것이 점령 이전인지 이후인지는 알지 못하지만, 아스테카가 무너진 그해 유럽인과 인디오의 피가 섞인 최초의 혼혈아 메스티소가 태어났다.

이 사건이 한 인간 말린체를 복잡한 의미의 자장으로 만든 결정적 계기다. 그녀를 둘러싼 평가는 그녀에 관한 설이나 그녀의 이름보다도 더욱 복잡한 역사적 의미를 지닌다. 침략의 역사에 으레 있기 마련인 배신과 변절, 말린체는 그 배신의 이름이다. 그녀는 멕시코의 문명적 토대였던 아스테카를 파괴한 원흉이다. 그러나 오늘날 멕시코인의 60퍼센트 이상은 혼혈이며, 그중에서도 메스티소가 압도적 비율을 차지한다. 그녀는 오늘날 멕시코인들의 어머니기도 하다. 그녀의 피부와 눈, 입과 귀 그리고 자궁은 몇 겹의 역사와 몇 겹의 정치로 덮여 있다.

우리는 최초의 메스티소를 알고 있다(당시 스페인 병사가 인디오 여성을 겁탈하지 않았다면 말이다). 신화나 설화가 아니고서야 누가 최초의 백인을 알고 있겠는가. 따라서 그녀는 지울 수 없는 존재의 무게를 갖는다. 그녀는 아기를 낳으면서 스페인어로 고통을 호소했다. 그녀는 그 스페인어를 코르테스에게서 배웠지만 그녀의 스페인어는 코르테스의 그것과는 달리 죽음이자 삶의 언어, 정복이자 새로운 탄생을 알리는 언어였다. 그녀는 인디오 제국의 붕괴와 다인종 문화의 출현을 동시에 상징한다. 배신자이자 동시에 창조자였다.

소박화를 파는 여인.

코르테스와 본처 카탈리나 후아레스 사이에는 아들이 하나 더 있었다. 그의 이름도 마르틴이었다. 세월이 지나 두 마르틴은 합심해서 스페인에 저항했다. 1565년의 일이다.

돈에 담기는 목소리

이 무렵은 우기여서 아침은 맑아도 오후로 접어들면 곧잘 비가 내린다. 그래서 아침 일찍 나서기로 했다. 준코 씨를 따라온 호텔 엘 솔을 나서서 오른쪽으로 가면 읍내, 왼쪽으로 가면 옆 마을이 나온다. 레오, 윙과 우리는 옆 마을로 향했다. 탁월한 선택이었다. 길은 호수를 끼고 돌았는데 시시각각 호수의 모습이 달라졌다. 레오와 윙은 내가 든 카메라를 초라하게 만드는, 본체만으로도 200만 원이 넘는 카메라를 들고 다녔다. 렌즈도 여러 개였다. 둘은 전에 다니던 회사에서 알게 된 사이로 곧잘 카메라를 들고 함께 여행을 다닌단다. 특히 윙은 평일에는 프로그램 업무를 맡지만 주말에는 예식 촬영을 나가는 직업 사진가였다. 한 번은 윙에게 대신 매주겠다며 카메라 가방을 달라고 했는데 곧 후회했다. 10킬로그램은 족히 나갔다.

그래서 우리 발걸음은 느릴 수밖에 없었다. 내 친구는 지나가다 만나는 사람과 대화를 나누고, 윙과 레오는 삼각대까지 꺼내서 본격적으로 호수 촬영에 나섰으며, 나야 원래 해찰하기를 좋아하니 걸음이 더뎠다. 그렇게 제법 왔다 싶을 무렵에 옆 마을이 나왔다. 마을은 산기슭을 타고 미끄러지

듯이 형성되어 있었다. 마을 어귀로 접어들 무렵 한 남매를 만났다. 여행길에서 본 아이들이 다들 그랬지만 이 남매는 정말 귀여웠다. 레오와 윙은 가까이서 아이들을 찍었다. 그들은 호수 구석구석을 촬영하고 있던 차라 망원렌즈를 장착하고 있었는데 흡사 아이들을 빨아들일 듯했다. 아이들도 사진 찍히는 일이 싫지 않은 기색이었다.

예상치 못한 일이었다. 그렇게 여러 장의 사진을 찍고 이제 헤어지려는 찰나에 맏이였던 남자아이가 "케찰"이라고 말했다. 그 말을 나와 내 친구는 들었고 레오와 윙은 듣지 못했다. 케찰은 과테말라의 국조이기도 하지만 동시에 화폐 단위이기도 했다. 아이가 사진 찍힌 삯을 요구한 것일까. 사진을 찍었으니 당연하다면 당연할 수도 있다. 혹은 여동생들이 있었으니 굳이 돈이 아니어도 뭔가를 요구한 것일지도 모른다. 아무튼 어떤 행동이든 취해야 했다.

그러나 그 사실을 레오와 윙에게 전하기는 어려웠다. 변변찮은 내 영어 실력으로 옮기면 그 순간에 거래로 의미가 고정될 것 같았다. 그래서 나와 내 친구가 결정할 일이 되었다. 나는 아이들에게 돈을 주자고 주장했고 친구는 아이들을 그렇게 대하기가 싫다고 했다. 나는 여행자 위치였고, 친구는 아무래도 그쪽 지역에서 오래 살아 그런 일을 접할 기회가 많았기에 그런 상황에서 돈으로 해결하지 않겠다는 윤리적 방침을 세워둔 데서 빚어진 의견 차이였다.

결국 이야기 끝에 돈 대신 과자를 사서 주기로 했다. 하지만 아이들을 만난 장소는 마을 어귀라서 그 자리를 뜨면 아이들을 다시 만날 수 있을

나도 그 남매의 사진을 가지고 있다. 이야기의 주인공인 남매의 모습을 여기에 남긴다. 하지만 이런 행위가 윙과 레오의 행위와 어떻게 다른지 자신을 갖고 말할 수는 없다. 당장은 의문으로 간직하는 수밖에 없다.

지, 또 아이들이 과자를 좋아할지도 걱정이었다. 가게까지 따라오라고 할 수가 없었다. 그렇다면 과자는 돈을 대신해버리게 된다. 다행히 과자를 산 후에 제일 큰 아이를 다시 만날 수 있었고 아이는 과자를 좋아했다. 나는 과자를 살 때도 아이들 수만큼 같은 종류로 네 개를 사자고 했고 친구는 나눠 먹도록 종류를 달리 해서 큰 것으로 두 개를 사자고 주장했다. 아이들에게 과자를 주는 장면만큼은 레오와 윙에게 보여주고 싶었다.

인도에서 처음 외국어로 말을 주고받는 일에 대해 곱씹어보았듯이, 그 무렵부터 내게 이런 일들은 사고의 과제로 남아 있다. 다만 알고 있는 것은 이방인이 건네는 돈이나 물건에는 의미가 담기며 때로는 말로 대신할 수 없는 의미가 전해지기도 한다는 것이다. 식사 후 남겨놓고 가는 팁, 거리 공연에서 감사의 표시로 던지는 동전, 혹은 연주자와 눈길이라도 마주친다면 어쩔 수 없이 꺼내게 되는 한 닢, 그리고 아이에게 건네는 과자에서 의미가 오가고 있다. 돈은 질을 양으로 환원해버리는 교환 수단이라고 한다. 아마도 그렇겠다. 하지만 그렇게만 말하지 말라. 때로 돈에는 의미와 말, 고민이 실린다.

그날 함께 나서지 않은 준코 씨와는 호텔로 돌아와 이야기를 나눌 수 있었다. 그녀는 간호사로 일하다가 일주를 하려고 그만두었다. 그런데 일주를 하다 보니 짐을 늘릴 수가 없어 돈이 있어도 물건을 사지 못했단다. 그렇게 운동화 한 켤레로 일주를 하다 보니 일본 집의 신발장 안에 있는 서른 켤레 가까운 구두들이 참 꼴사납게 느껴졌다고 한다.

6

안티구아,
유토피아와 세속성 사이

운은 돈다

이제 안티구아로 간다. 레오와 윙은 같이 떠나기로 했고, 준코 씨는 파나하첼에서 하루를 더 머물다가 안티구아로 넘어오기로 했다. 버스를 구할 차례다. 여럿이라서 득을 본다면 무엇보다 에누리할 때다. 전에 교통편을 알아보다가 인터넷에서 안티구아행 5달러짜리 버스가 있으니 놓치지 말라는 당부의 메시지를 본 적이 있었다. 그 글을 올려놓은 여행자는 애석하게도 자신은 7달러짜리 버스를 탔지만 알고 보니 더 싼 버스가 있었다면서 애정 어린 충고를 남겨놓았다. 그래서 나도 5달러짜리 버스를 찾느라 제법 돌아다녔지만, 아까운 시간에 헤매느니 느긋하게 구경이나 해야겠다 싶어 결국 7달러짜리 버스 티켓을 에누리해서 55케찰에 구했다.

그런데 아뿔싸, 끼니를 때우려고 다니다가 아티틀란 호수 근처 허름한 여행 중개사에서 5달러짜리 버스를 발견했다. 더구나 출발 시간도 일러 안티구아에 좀더 일찍 떨어질 수 있다는 점도 큰 매력이었다. 여행을 오래 다니면 현지 물가가 몸에 익는다. 괜한 궁상이 아니다. 이삼천 원 차이지만 밥이 한 끼다. 그래서 먼저 티켓을 산 곳으로 달려가 여행 일정이 바뀌었다며 거짓말이 아닌 선에서 (출발 시간을 조금 앞당기려던 것은 사실이니) 하소연을 해봤지만, 왜 금세 다시 돌아와 티켓을 환불해달라는지 상대가 모를 리 없었다. 아쉬움을 달래는 수밖에 없었다.

그런데 게스트하우스로 돌아와 주인장에게 들어보니 꼭 안 좋은 일만은 아니었다. 5달러짜리 버스는 기름을 아끼려고 지름길로 가는데 길이

험해 이따금 전복되기도 한단다. 더구나 보험 가입도 되어 있지 않다고 한다. 또 사람들을 꽉꽉 채워야 출발하니 제 시각에 떠나지 않을뿐더러 차에서 허비하는 시간도 많다는 것이다. 시간이 돈일 뿐만 아니라 돈이 시간이기도 했다.

여기까지는 마음을 쓸어내릴 이야기였지만 다음 이야기는 흥분을 자아냈다. 안티구아로 떠나는 내일은 바로 1년에 한 번 마을 축제가 있는 날인데, 오전에 마을 축제의 꽃이라 할 퍼레이드가 예정되어 있다는 것이었다. 이제 파나하첼을 일찍 뜨고 싶기는커녕 버스 티켓을 물러만 준다면 출발 시각을 미루고 싶은 심정이었다.

다음 날 아침, 미리 짐을 싸두고 서둘러 나섰다. 마을 사람들이 빽빽하게 모여 목을 빼고 있기에 거기가 명당인가 싶어 우리도 자리를 잡았다. 이윽고 멀리서 북소리가 들려오더니 퍼레이드가 시작되었다. 퍼레이드에는 인근의 여러 마을 사람들도 함께 참가한다더니 참말인 모양이었다. 마을 하나 규모라고는 상상할 수도 없을 만큼 다양한 퍼레이드가 이어졌다. 어른들은 각양각색의 전통 의상을 입고 등장했으며, 아이들은 드레스로 턱시도로 맵시를 뽐냈다. 자기 몸체만한 것을 이고 볼이 발개져라 부는 아이들의 나팔 소리는 흥겹고, 자기 애인지 동네 꼬마인지 그 모습을 구경하며 껄껄거리는 마을 사람들의 수다 소리는 정겨웠다.

이런 장면을 놓치고 그냥 떠날 뻔했구나 싶었다. 구경하는 아주머니에게 축제가 언제까지인지 여쭤보았다. 오늘이 마지막 날이고 어제 점심께 벌써 성대하게 한판이 벌어졌단다. 가만, 그 시각에 나는 뭘 하고 있었지.

간만에 날씨가 좋다 싶어 호수를 끼고 옆 마을로, 축제가 벌어지는 곳과 정반대편으로 유유히 걷고 있지 않았던가.

사진에 머무는 폭력과 애정

행진하는 아이들의 자못 진지한 표정이며 구경꾼들의 들썩이는 분위기며, 사진으로 담고 싶은 장면이 너무도 많았다. 처음에는 조심스러웠지만 축제인 데다가 퍼레이드에 나온 아이들이 이따금씩 포즈를 취해줘 자신감을 얻었다. 하지만 내 눈으로 직접 보던 모습을 카메라 바인더를 통해서 보면 어떤 꺼림칙함이 생겼다. 한데 어울려 즐기다가도 카메라만 들면 왠지 홀로 그 상황 바깥으로 나와 사람들을 내려다보는 듯이 느껴지는 그 불편함은 무엇이었을까. 이번만이 아니다. 여행길에서 풍경을, 특히 사람들의 모습을 찍다 보면 저 물음이 떠오른다. 하지만 이번에도 여전히 답은 찾지 못했다.

여행지에서 카메라를 들이미는 행위는 남의 일상에 갑자기 작은 파란을 일으킨다. 그 파란은 서로 간에 웃음으로 번질 수도 있고, 상대의 주뼛거림이나 불편한 표정으로 되돌아올 수도 있다. 그렇듯 찍고 찍히는 사이에 알게 모르게 의미가 교환될 테지만, 대개 그 의미는 찍는 쪽이 결정하거나 적어도 보존한다. 글로 쓰는 일과는 달리 사진을 찍는 내 행위는 상대가 눈치 채기 쉽다. 혹은 상대가 모르게 상대를 사진에 담으면 그 사람

EL ANCLA
ALMACÉN DE VARIEDADES
SONY
ESCUELA

EL ANCLA
ALMACÉN DE VARIEDADES

의 무언가를 몰래 훔쳐온 듯 뒤가 켕기곤 한다. 글쓰기보다 사진 찍기가 대상의 이미지를 직접적으로 보존하면서도 그만큼 품은 들지 않는다는 사실도 불편함을 더한다.

사진 찍기는 또 한 번 답 없는 물음을 안겼다. 다만 이번에는 사진이 안기는 불편함이 어디서 연원하는지 조금 더 따져보기로 했다. 우선 떠오른 것은 사진은 내가 피사체로 정한 상대방은 담기지만 정작 그 사람과 함께 있었던 나 자신의 흔적은 남지 않는다는 점이었다. 물론 어떤 사진을 보면 당시 찍은 사람의 위치와 때로는 찍은 사람의 감상까지도 감을 잡을 수 있다. 하지만 한순간 한 공간에 있었다고는 하나 역시 찍는 자와 찍히는 자 사이에는 쉽게 건널 수 없는 강이 흐른다.

공재성coevalness이라는 개념을 가져와 이론적으로 우회해도 될까. 공재성이란 '함께 한곳에 있음'을 뜻한다. 인류학자인 파비언은 인류학적 지식이 지닌 폭력성을 들추고자 이 개념을 고안했다. 즉 인류학은 선주민의 사회와 문화를 지적 대상으로 삼는데, 인류학자는 현지 조사에서 통역자와 안내인을 거쳐 선주민과 대화를 나눠야 그들의 사회와 문화를 이해할 수 있다. 하지만 그렇게 해서 습득한 재료들이 말끔한 지식의 모습을 갖출 무렵에는 통역과 교류의 흔적은 사라지고 한 시 한 장소에 같이 있었을 인류학자와 선주민은 앎의 주체와 앎의 대상으로 명확하게 나뉜다. 이를 두고 파비언은 '공재성의 상실'이라고 지적했다.

확실히 파비언이 지적한 사태는 여행에서 남들의 일상을 사진에 담을 때 그야말로 일상적으로 벌어진다. 나는 그들의 모습을 챙겨 오지만 내게는 그 행위에 관해 그들에게 답해야 할 책임이 없다. 이윽고 그 장소를 떠나 돌아오면 나와 그 사람은 감상하는 자와 사진첩 속의 인물로 역할이 확정된다. 이렇듯 카메라를 사이에 두고 인식 주체와 인식 대상이 나뉜다. 그리하여 자기 삶의 맥락에서 뜯겨져 나온 그 사람의 이미지는 내게 이국적일수록 나의 지적 허영도 달래주며 사진의 가치도 높여준다.

물론 이것이 사진 찍기에 불편함을 안기는 이유의 전부는 아니다. 대상의 일부만을 절단하고 채취한다는 카메라의 속성도 한몫한다. 카메라는 피사체에게 초점을 맞추고 나머지는 여백이나 공백으로 처리한다. 그런 까닭에 수전 손택은 촬영shot에서 저격shot의 어감을 읽어내기도 했다. 내 친구도 기다란 렌즈를 두고 남자의 성기 같다고 말한 적이 있는데 대상을 밀고 당기는 모습을 보면 그런 말이 나올 법하다. 확실히 사진 찍기는 선택과 절단과 추출의 연속된 과정이다. 특히 외국 여행에서는 자기 필요에 따라 그 사회의 고유한 나머지 의미들은 체로 걸러버린 채 자신이 원하는 이미지만을 남겨 올 가능성이 크다.

하지만 여행의 사고는 여기서 멈추지 않는다. 여행에서 돈이 그저 교환 수단이 아니라 거기에 말로는 전달되지 않는 의미가 담기듯 사진 찍기도 폭력적일 리만은 없다. 바로 사진 찍는 행위는 저 꺼림칙함을 사고의 소재로 안기지 않는가. 카메라의 초점이 외면한 여백은 여백대로, 잘려나간 공백은 공백대로 눈에 잡히지 않는 부분을 상상하도록 이끈다. 또한 품이 덜 들기는 하나 사진을 찍으려고 심도를 재고 각도를 정하고 광량을 조절하는 일들은 그 하나하나가 대상을 어떤 모습으로 간직하고 싶은지 사고의

사진은 미를 창조하지만 고갈시키기도 한다. 아름다운 풍경도 지칠 줄 모르는 사진광들의 손길에 무릎을 꿇는다. 이미지가 범람하면 저녁놀조차 진부하게 보인다. 오늘날 저녁놀은 사진처럼 보이기도 한다. 그리고 사진은 타인의 삶을 약탈하면서 보존하고, 고발하면서 신성시한다.

절차를 밟도록 만든다. 개중에 어떤 사진을 보고 있자면 왜 저렇게 찍었는지 그때의 감상이 묻어나기도 한다. 그리하여 사진을 찍는 일과 보는 일은 해석학적 기쁨을 동반한다. 삶의 한순간을 포착해서 의미를 입히거나, 잘려진 삶의 한 단면에서 풍부한 의미를 발견해내는 일은 삶이 지니고 있을 깊이와 복잡한 결을 이해하는 일종의 훈련이 된다. 사진 찍기도 여행의 일부라면, 여행이 그렇듯 그 가능성은 양쪽으로 열려 있을 것이다. 폭력과 애정은 함께 머문다.

식민 도시 안티구아

그러나 안티구아에 와서는 사진 찍기가 정말 수월해 그런 생각을 할 겨를이 없었다. 도시는 반듯하게 구획되어 건물들 사이로 길이 쭉쭉 뻗어 있다. 시원스러운 공간적 짜임새에 더해 풍화되고 색이 바랜 벽면은 고풍스러운 시간의 맛까지 곁들여준다. 더구나 건물들 너머로 화산이 도시를 감싸고 있어 카메라를 들이대면 그냥 작품이었다.

그런데 '사진이 잘 나온다'는 이 느낌은 여기서만 경험한 것이 아니었다. 산 크리스토발 데 라스카사스에서도, 작년에 갔던 오악사카나 베라크루즈의 광장도 그런 느낌이 있었다. 그 도시들이 멋있다고 느껴졌던 까닭은 그 도시 모두가 식민 도시로 개발되었기 때문이다. 사진이 잘 나오는 사정도 여기에 있다. 안티구아는 유네스코가 인류문화유산으로 지정할

만큼 매력적인 도시인데, 지정된 이유는 다름 아니라 안티구아가 아메리카 대륙에서 가장 오래되고 아름다운 식민 시대의 유적지이기 때문이다.

사진을 보면 구름 위로 산이 보인다. 바로 식민 도시 안티구아의 운명을 결정한 아과 화산이다. 1523년 스페인의 정복자 알바라도는 과테말라의 키체와 칵치켈 지역을 정복하고, 이듬해에 지금의 안티구아에서 6킬로미터가량 떨어진 곳에 비에하 시를 세워 중앙아메리카의 스페인 전초기지로 삼았다. 그러나 1541년 11월에 저 아과 화산이 분출하는 바람에 비에하 시는 폐허가 됐다. 그리고 1543년 3월, 안티구아는 두 번째 수도가 되어 총독부를 받아들였다. 하지만 안티구아도 18세기에 들어 1717년, 1751년, 1773년 등의 큰 지진으로 시련을 당했으며 마침내 1776년에는 수도의 자리를 현재의 과테말라 시에 넘겨줘야 했다.

안티구아는 지진으로 파괴됐지만 지

금도 도시는 바로크 시대의 흔적을 간직하고 있다. 식민 시대 미술 박물관을 가보아도 대개가 17~18세기에 그려진 예수상이나 마리아상이며(직접 가보기 전에는 그 이름에서 전혀 다른 모습의 박물관을 상상했다), 메르세드 성당, 성프란시스코 성당, 카푸치나스 수도원 등은 시간의 풍화를 받아낸 채 여전히 인상적인 바로크 양식을 간직하고 있었다. 잠시 딴 길로 새자면, 주워들은 바로 카푸치나스 수도원 내부에는 죄를 지은 수녀들을 격리시켜 서서히 죽음으로 몰아가는 방이 있었는데, 지진으로 벽이 무너져 그 존재가 외부에 알려졌다고 한다.

안티구아의 풍경을 찍을 때 어떤 앵글에서도 사진이 아름답게 나오는 이유는 바로 안티구아가 식민 도시로 개발되었다는 이런 전사全史에 있다. 스페인의 정복자들은 안티구아에 터를 닦을 때 먼저 교회와 부왕청을 세우고 그 사이의 광장을 중심으로 도시를 격자형으로 세워나갔다. 안티구아의 건물은 사면이 높은 벽으로 둘러싸여 있고, 좁은 문으로 들어가면 어느 동화 속 이야기처럼 갑자기 넓은 실내 공간이 나오는데, 건물이 대체로 비슷한 구조를 취하고 있다는 점에서 역사상 어느 한 시기에 개발이 집중되었다는 사실을 알 수 있다.

서울처럼 몇 차례나 거듭 개발되어 여러 겹의 시간이 깔린 도시라면 저처럼 정연한 구획은 상상하기 힘들리라. 한편 서울이라는 도시의 어수선함은 무엇보다 건축물들이 환경이나 다른 건축물과의 조화에 개의치 않고 세워진 데서 비롯하는데, 안티구아의 건축물들은 서로 형제관계를 이루고 있었다. 비록 그 건물의 한켠을 사이버카페와 여행사, 카페테리아가

아치형의 아르코는 안티구아의 상징이다. 사거리에 서서 방위를 바꿔가며 사진을 찍어도 거의 동일한 풍경을 얻을 수 있다. 이 풍경은 지금껏 버텨온 시간만큼 지속될지 모른다. 지속되기를 바란다.

차지하며 오늘날의 시간을 불어넣고 있지만 도시의 골격은 과거에 짜인 그대로이며 이는 좀처럼 변할 것 같지 않다. 이는 역시 아과 화산이 옆 마을을 덮치자 안티구아에서 도시 개발이 한 시기에 집중되었다는 사정과 관련 있을 텐데, 나는 화산 폭발보다 저렇듯 질서정연하게 도시를 짜놓은 자들의 상상력에 더 관심이 갔다.

신대륙과 유토피아

이베리아 반도의 두 나라 스페인과 포르투갈이 동방 진출에 혈안이 돼 왕실의 지원을 받아 콜럼버스가 아메리카로 떠나고 바스코 다 가마가 희망봉을 돌아 인도에 도착한 무렵, 이탈리아에서는 르네상스가 시작되어 유럽에 새로운 물음을 던졌다. 인간은 어떤 존재인가? 인간에게 조화로운 이상향은 존재하는가? 소위 신대륙 발견은 그 물음 가운데 일부에 답을 내놓았다. "이상향은 존재한다. 바로 저곳 새로운 땅이다."

콜럼버스는 1492년 8월 2일부터 1493년 3월 15일까지 220일간의 1차 항해를 일지로 정리하여 페르난도 왕과 이사벨라 여왕에게 바쳤는데, 거기서 신대륙을 지상의 낙원으로 묘사했다(원본은 사라졌으며 현재 전해지는 필사본은 라스카사스가 요약하고 정리한 것이다). 또한 피렌체 출신의 탐험가 아메리고 베스푸치는 1503년에 『신세계』를 집필해서 '신세계'를 사유재산을 소유하지 않고 자연과 조화를 이루며 살아가는 곳으로 그려냈다. 물론 신대륙을 향한 상상력은 때로 뒤틀리기도 하여 정복자 코르테스는 황금의 나라 '엘 도라도'를 꿈꾸며 대서양을 건넜다.

1516년 토머스 모어의 『유토피아』는 이런 시대의 분위기 아래서 집필되었다. 익히 알려져 있듯이 유토피아란 '유토포스'U-Topos에서 비롯된 말로 '어디에도 없다'Nowhere를 뜻하지만, 많은 탐험가는 이 작품을 들고 신대륙으로 나섰다. 대표적으로 프란시스코회의 신부 바스코 데 키로가는 1531년 멕시코로 건너갈 때 『유토피아』를 품에 지니고 있었는데, 멕시코의 미초아칸 지역의 주교가 되자 거기서 토머스 모어의 구상을 실현하고자 애썼다. 그는 『유토피아』에 적힌 대로 '재산 공유', '하루 6시간 노동', '사치 추방', '평등한 분배'를 타라스코족에 적용하는 일에 헌신했다. 아직까지도 타라스코족은 그를 '타타 바스코'(우리의 아버지 바스코)라고 부

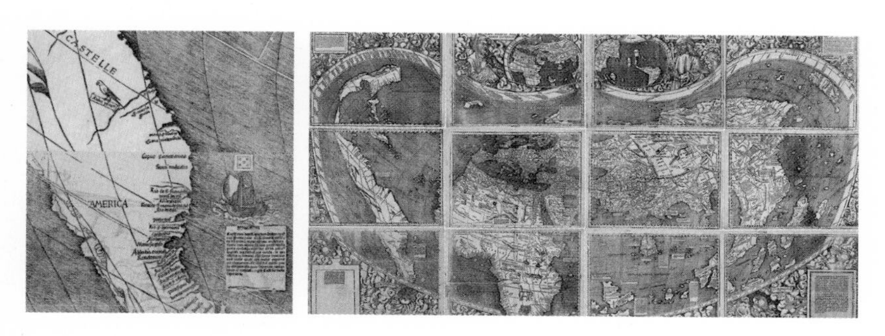

아메리카라는 이름이 기록된 발트제뮐러의 세계지도.
세계지도를 제작하고 있던 마르틴 발트제뮐러는 아메리고 베스푸치의 『네 차례의 항해에서 새로 발견된 육지에 관한 아메리고 베스푸치의 서한』을 읽고 감명을 받아, 1507년 그의 이름을 신대륙 위에 적어 넣었다. 아메리카라는 대륙이 최초로 기재되는 순간이었다.

르며 기린다고 한다.

하지만 그리스·로마의 지적 전통에서 출현한 르네상스가 던진 시대의 물음과 신대륙이라는 세기의 해답이 그저 아름답게 맞아떨어질 수는 없었다. 여기에는 딜레마가 있었다. 만약 아메리카 대륙이 신세계라면 그곳은 새 하늘 새 땅이니 인간도 역사도 존재해서는 안 된다. 만약 인간이 살고 있다면 적어도 문명에 때 묻어 있어서는 안 된다. 하지만 아메리카는 그런 땅이 아니었다. 버젓이 사람이 살고 역사도 존재하며 그 나름의 문명도 건설하고 있었다.

그렇다면 아메리카는 어떻게 유토피아 내지 약속의 땅이 될 수 있었던가. 여기서 어떤 인식의 조작이 발생했다. 유럽인들은 동시대를 살아가는 아메리카 선주민들을 역사시대 이전의 인간으로 취급했다. 선주민은 자연 상태에 가까운 순진무구한 인간과 벌거벗고 인육이나 먹는 미개한 인간이라는 이미지 사이를 오가며 유토피아 상상의 허기를 달래주어야 했다. 그리하여 지상낙원과 거기서 살아가는 야만인이라는 상상력의 어색한 조합은 유토피아 건설과 식민화라는 또 다른 부적절한 조합과 함께 상처 없이 공존할 수 있었다.

정복자들이 길을 내고 건물을 세우느라 땅을 뒤엎었을 때 그들의 상상력도 땅에 발을 디딜 수 있었다. 선주민의 역사를 메워버린 그 자리 위에서 유토피아는 역사가 되었다. 내가 안티구아에서 본 것은 한 시기 이방인의 상상력이 남겨놓은 풍경이었다.

유토피아의 그늘

유토피아의 상상은 토머스 모어의 『유토피아』 이전에도 오랜 전사를 갖는다. 거슬러 올라가면 호머의 『오디세이』에 묘사된 패아키아를 유토피아 상상의 원형으로 꼽아야 할지 모른다. 혹은 체계적인 이상 국가를 내놓은 경우라면 『국가』를 집필한 플라톤이 선구자가 되겠다. 그 후로 유토피아의 상상력은 하나님의 도시, 신의 도시, 영원한 도시, 언덕 위의 도시 등 버전을 달리하며 등장했다.

그러나 상상 속의 도시는 때로 타락하기도 했다. 도시는 사회적 무질서, 부패와 환락, 그리고 구제할 수 없는 죄악의 원천으로 전락하기도 한다. 바빌론 그리고 소돔과 고모라는 하늘의 나라를 형상화한 도시가 어떻게 지옥으로 도태하는지를 보여준다. 바빌론 그리고 소돔과 고모라를 타락으로 이끈 자들은 바로 '사악한 타자'였다. 난교와 혼혈은 죄악의 씨앗을 낳고 결국 도시를 무너뜨린다.

그런 이유로 유토피아의 상상은 타락을 막기 위한 공간적 기획을 필요로 한다. 유토피아 소설들을 보면 공간 묘사에 품을 많이 들이는 것을 알 수 있다. 공간은 단순히 물리적 배경이 아니라 사회관계와 이동의 흐름을 결정하고 세계를 질서화한다. 공간의 질서는 신체와 사고 속으로 스며든다.

유럽의 지적 전통에서 이상향으로 간주되는 아테네 등의 도시국가는 이상적인 공간적 기획을 반영하고 있으며, 플라톤의 '이상국가론'은 도시의 공간적 규모와 배치를 다루는 일을 주된 내용으로 삼았다. 오랜 시간

후에 오웬, 푸리에 등의 소위 유토피아 사회주의자들이 새로운 사회 구성을 시도했을 때도 그것은 새로운 공간의 형태를 띠고 등장했다. 유토피아는 상상의 이름이지만 질서화된 상상의 이름이었다. 유토피아가 그저 한여름 밤의 꿈처럼 곧 사라질 공상이 아니라면 구체적 기획은 공간 구획 그리고 사회질서의 문제와 복잡하게 얽힐 수밖에 없다.

그래서 내게는 이상향을 묘사한 『유토피아』가 그저 아름답게 보이지만은 않는다. 만약 조지 오웰의 『1984』처럼 전체주의 사회를 풍자한 작품으로라면 높이 사겠지만, 인간의 이상 사회를 과감히 꿈꾼 고전이라는 식의 평가라면 그냥 따를 마음은 없다. 그가 그려낸 유토피아에서 나는 자유와 행복감보다 때로는 갑갑함을 느끼기 때문이다. 『유토피아』와 함께 유토피아 소설의 고전으로 꼽히는 캄파넬라의 『태양의 나라』도 그렇다. 이 소설은 제목이 암시하듯 아스테카나 잉카 문명을 소재로 삼았다는 혐의가 더욱 짙은데, '태양의 나라'에서는 그 태양이란 자가 모든 것을 총괄한다. 그리고 소설에서 태양이란 전체를 판단하고 기획하는 '형이상학자'로 묘사된다. 이 소설도 라틴아메리카 문명에 대한 비틀린 상상력을 보여준다.

다만 『유토피아』의 경우는 『태양의 나라』처럼 세상을 내려다보는 기획자의 시선은 여전하지만, 인격성의 그림자는 희미해서 한 인간이 도시를 총지휘하기보다는 인간의 잘잘못으로 질서가 쉽사리 흔들리지 않도록 사회가 체계화되어 있다. 유토피아가 고립된 섬인 이유도 이것이다. 『유토피아』의 원제는 '최선의 사회생활의 상태에 관한, 그리고 유토피아라고 불리는 새로운 섬에 관한 유익하고 즐거운 책'이다. 토머스 모어가 유토피아를 섬으로 설정한 것은 상상의 나래를 펴기가 쉽다는 점도 있지만, 섬이 지닌 고립성은 곧 안정성을 의미하기 때문이었다.

유토피아는 대외적 독립성과 대내적 통일성을 고려해서 짜인 공간이다. 즉 바깥에서 함부로 침입할 수 없고, 안으로는 유기적인 사회 체계를 구현하려다 보니 유토피아는 섬으로 묘사되었다(유토피아에서는 여행증명서 없이 밖으로 나갔다가 잡히면 탈주자로 엄중한 처벌을 받고, 두 번 위반하면 노예가 된다). 섬은 통치를 원활하게 하는 공간적 특성을 지닌다. 그래서 나는 생각한다. 유토피아의 문제는 그것이 어디에도 없다는 것이 아니라 어디서나 있을 법한 체계와 통치에 대한 강한 집착에 있는 것은 아닌가 하고 말이다.

유토피아는 실재하지 않는 장소지만 토머스 모어의 상상력은 너무도 구체적이다. 『유토피아』를 보면 서두에 갖은 수치들이 눈에 띄는데 모아서 정리하면 이렇다. 200마일에 이르는 섬, 유토피아에는 동일한 계획으

유토피아의 상상도.
공간은 텅 비어 있지 않다. 그저 기하학적으로만 구성되지도 않는다. 공간은 그 안에 존재하는 사물과 인간들로부터 분리된 추상적 실체가 아니라 인간과 사물의 흐름을 결정하며 구체적 사건 속에서 경험된다.

로 건설된 54개의 도시가 있으며, 각 도시는 6,000세대로 이루어진다. 도시 간 최단 거리는 24마일이다. 어떤 가구도 10명 이상 16명 이하로 구성되며 제한 인구를 초과하면 이주시킨다. 유토피아에서는 여러 가족이 한 집에서 공동생활을 하는데 한 집은 40명까지 수용할 수 있다. 집은 10년마다 추첨하여 교체한다. 그리고 매년 도시마다 20명씩 사람들을 교대시키며, 시골에 내려가 농사할 경우에는 2년간 있어야 한다. 시민 30세대가 한 그룹을 이뤄 각 그룹은 매년 시포그란투스syphograntus라는 공무원을 선출하는데, 각 도시에는 200명의 시포그란투스가 있으며 그들의 임기는 1년이다. 그들은 주로 빈둥거리는 자가 없도록 감독하는 일을 맡는다. 여자들은 18세가 되어야 결혼할 수 있으며 남자는 4년을 더 기다려야 한다. 이런 식이다.

그러나 유토피아도 문제가 일소된 공간은 아니다. 오히려 토머스 모어의 탁월함은 문제가 발생했을 때 어떻게 대처해야 할지를 면밀히 고려한 데 있겠다. 그 가운데 한 가지만 확인하자. 도시의 인구가 늘어나는 경우다. 만약 적정 인구를 넘기면 처음에는 비교적 인구가 적은 도시로 잉여 인구를 이주시킨다. 그러다가 섬 전체 인구가 초과 상태에 이르면 각 도시마다 일정한 수의 시민을 골라내 개발되지 않은 광대한 지역에 나가 식민지를 세우도록 명령한다. 하지만 이 시기에 이미 토머스 모어는 신대륙이 아무도 없는 빈 땅이 아니라는 사실을 알고 있었다. 토머스 모어는 말한다. 선주민들이 유토피아인의 명령에 따르지 않으면 병합된 지역 바깥으로 쫓아내야 한다. 만일 그들이 저항에 나선다면 전쟁을 벌여 굴복시켜야 한다. 물론 반대로 전염병이 창궐하여 유토피아의 인구가 갑작스럽게 줄어들 수도 있다. 그런 경우라면 식민지에서 사람을 불러들여 모자라는 만큼 채워야 한다.

토머스 모어는 그 밖에도 집단생활, 성관계, 생산과 소비 양식, 노동인구의 적정 비율, 직업 선정과 종사 기간 등에 관해서도 세세히 다루고 있다. 그에 맞춰 유토피아라는 공간은 여러 구상이 효율적으로 가동되고 질서가 시간에 마모되지 않도록 구현되어 있다. 공간의 체계가 변화를 통제하는 것이다.

이렇게 적어놓고 보니 토머스 모어의 저 치밀한 상상력이 새삼 대단스럽게 여겨진다. 하지만 달리 우려스러운 구석도 있다. 그는 지성의 능력을 최대한 짜내 이상 사회의 조감도를 그려냈다. 짜낸 결과는 통치의 문법으로 작성되었다. 그는 분명히 정의와 진리, 동정과 사랑, 공평과 조화에 대한 열망을 갖고 유토피아를 상상했으며, 실제로 그는 사회 개혁가였다. 하지만 그 상상이 상상으로만 그치지 않으려면 역사의 제로 지점이 필요했다. 토머스 모어는 그 장소로 섬을 설정했지만 정복자들은 아메리카라는 섬을 발견했다. 그리하여 그들 머릿속의 유토피아가 상상에서 현실로 내려올 때 그것은 희생을 동반해야 했다. 누군가의 유토피아는 누군가에게는 디스토피아를 의미하기 때문이다.

멕시코시티에는 라틴아메리카 대륙에서 가장 큰 위용을 자랑하는 소칼로 광장이 있다. 그 규모는 모스크바의 붉은 광장 다음이고 베이징의 톈안먼 광장보다 크다. 소칼로 광장에는 과거 누에바 에스파냐의 부왕청과 메

소칼로 광장(위)과 메트로폴리타나 성당(아래).

트로폴리타나 성당이 자리잡아 아름다운 광경을 이룬다. 이 소칼로 광장은 옛 아스테카의 도시 터를 갈아엎고 그 위에 세워졌다. 30년 전에 발견된 소칼로 광장의 유적지 템플로 마요르는 아스테카의 옛 수도 테노치티틀란 대신전의 토대 부분인데, 아스테카 시대에는 40미터 높이의 피라미드 위에서 비의 신인 틀랄로크와 태양의 신인 위칠로포츠틀리에게 제사를 지냈다고 한다. 메트로폴리타나 성당은 바로 이 피라미드를 뭉갠 자리 위에 만들어졌으며, 지금은 팔라시오 나쇼날(멕시코 국립궁정)이 된 부왕청 자리는 원래 아스테카 제국의 별궁 터가 자리하던 곳이었다.

소칼로 광장은 아스테카 제국의 역사를 땅 아래 묻고 조성되었다. 그리고 내가 여행길에서 거쳐 왔던 과거 식민 도시들도 소소한 역사들을 그 발밑에 두고 있을 것이다. 건설의 역사는 곧 파괴의 역사였고, 역사의 창조는 역사의 말살이기도 했다. 유럽 지성의 황금기에 나온 상상력은 바다 건너편에서 피값을 치르고 있었다.

막시몽과 세속성

안티구아는 걷기 좋은 도시다. 오래 걷자니 발의 피로보다는 배의 허기가 먼저 찾아왔다. 마침 한국 음식점을 발견해 더 그렇게 느꼈는지도 모르겠다. 얼마만의 한국 음식인지. 메뉴를 물을 것도 없었다. 김치찌개를 시켰다. 이마에서 흐르는 땀을 닦으며 밥을 먹어보고 싶었다. 그렇게 허기를 달래니 이제 힘이 붙어 잠시 도시 바깥으로 나가고 싶어졌다. 그래서 가게 주인께 여쭤보니 커피 박물관과 안티구아의 풍경이 한눈에 들어오는 동산을 추천해주셨다. 하지만 커피 박물관은 이제 자리를 떠서 도착할 무렵이면 폐관할 것이고, 동산은 도둑이 있을지 모르니 웬만하면 해질 무렵에는 피하라고 하셨다.

그러고는 막시몽의 신당이 자동차로 30분 거리에 있다는 말씀도 해주셨다. 귀가 솔깃했다. 실은 파나하첼에서도 내가 묵었던 옆 마을로 배를 타고 가면 막시몽의 박물관이 있다는 말을 전해 들은 차였다. 그리고 한 서점에서 표지가 심상치 않아 들춰보니 마침 막시몽에 관한 책이었다. 자꾸 그 이름을 접했다. 여기서라도 제대로 알아보고 싶었다. 하지만 마땅한 대중교통 편이 없었다. 결국 사람들에게 묻거나 게스트하우스에 비치된 책을 읽거나 인터넷으로 알아보며 그 아쉬움을 달래는 수밖에 없었다.

막시몽에 흥미를 갖게 된 첫 번째 이유는 기괴하게 생겨서다. 막시몽은 성자인데 하고 있는 모습이란 게 영락없는 사기꾼이다. 약간 치켜뜬 눈에 매부리코, 뾰족한 턱, 거기에 콧수염과 비딱한 중절모까지 더해지면 후덕한 인상과는 전혀 거리가 멀다. 옷차림은 대개 검거나 현란한 수트, 거기에 파이프마저 물고 있다. 딱 보면 토속 캐릭터 상품인데 과테말라에서는 위용이 이만저만이 아니다. 이게 흥미를 갖게 된 두 번째 이유다. 막시몽은 현세에서 이익을 안겨다주는 신으로 추앙받아 국가적인 종교 행사에도 참여한다. 가톨릭에 버금가는 자리에서 말이다.

하지만 그 기원이라는 게 영 모호하다. 자료 조사를 하다가 막시몽에

THE MAXIMON DEITY
Indigenous Santeria
in Guatemala
Héctor Gaitán Alfaro
and
Otto Chicas Rendón
Editions
Ebano
RECETARIO Y ORACIONES SECRETAS DE
MAXIMÓN
Los Cakchiqueles
en la Conquista
de Guatemala
FRANCIS
POLO
SIFONTES

더욱 흥미를 갖게 된 세 번째 이유인데, 막시몽이 누군지 어떻게 출현했는지 그 설이 매우 분분하다는 것이다. 먼저 마야 수투일 부족의 수호자라는 설이 있다. 그 수호자는 아티틀란 호수 근처의 생명들을 돌보아주던 존재였다. 이런 설과는 격이 안 맞게 원래는 스페인 출신의 부자였거나, 뜻밖에도 스페인의 정복자 페드로 데 알바라도라는 설도 있다. 그렇다면 또 있을 법한 설로서 막시몽이 원래 스페인에 대항한 마술 상인이었다는 주장도 있다. 한편 성별을 바꾸며 달콤한 사랑의 속임수로 상대를 꾀어내 우롱하는 큐피드와 같은 존재라는 설도 곁들어진다.

이 밖에도 알아보지 못한 여러 설이 있겠지만 딱히 어떤 정설이 있다기보다는 여러 설이 한데 섞여 막시몽의 입체적인 이미지를 만들어내는 듯했다. 그리고 막시몽이 그리스도교(내지는 스페인적 요소)와 토착 신앙의 혼합, 즉 신크레티즘syncretism의 산물임은 분명히 알 수 있었다. 사실 이번 여행길에서는 막시몽 말고도 여러 곳에서 혼합 종교의 흔적을 보거나 들을 수 있었다. 흔히 접할 수 있는 과달루페 성모가 그러하며, 멕시코의 에스키풀라스에 있는 검은 그리스도상도 그러하다. 신들을 위해 기꺼이 인간이 목숨을 바치던 인디오 세계에서 인간을 위해 자신을 희생한 신은 어떤 충격으로 다가왔을까. 과달루페 성모와 검은 그리스도상은 그 만남이 수백 년의 시간을 거쳐 발효되어 나온 산물 가운데 하나다.

막시몽도 혼합 종교의 색채가 짙다. 가령 막시몽의 축제일은 가톨릭의 부활절 주간과 겹친다. 그래서 과테말라에서는 성금요일에 그리스도의 성상의 뒤를 따라 막시몽의 성상도 함께 행렬에 나선다. 그런데 막시몽이 그리스도의 뒤를 따르는 이유는 막시몽에게는 가롯 유다의 속성이 있기 때문이란다. 왜 열두 제자 가운데 하필이면 가롯 유다인지는 알아내지 못했지만 상상해보는 일로 족했다. 그 내력을 좀더 자세히 추적해보아도 과거 누군가의 흥미로운 상상력과 만나겠거니 생각했다.

과달루페 성모.
카를로스 푸엔테스, "1531년 12월 초순 멕시코시티의 테페약 언덕. 아스테가의 여신 토난친틀라를 경배하던 바로 그 장소에 장미를 안은 과달루페 성모가 출현했다. 이 성모는 신분이 미천한 인디오 짐꾼이었던 후안 디에고를 사자로 택하여 그에게 신의 사랑을 전했다. 일진광풍이 몰아치듯 스페인 당국은 인디오들을 능욕당한 여성의 자식에서 순결한 성모의 자식으로 바꿔버렸다. 이리하여 바빌론을 베들레헴으로 바꾸는 것과 같은 순간의 정치적 재간으로 창부는 성녀가, 말린체는 과달루페가 될 수 있었다. 정복된 인디오들은 여기서 그들의 잃어버린 어머니를 찾았다. 그들은 또한 아버지까지 찾아냈다. 멕시코는 코르테스에게 케찰코아틀의 가면을 씌워주었다. 그 후 푸에블라나 오악사카 그리고 틀라스칼라에 있는 바로크풍의 교회 제단에서는 누가 진정 숭배를 받는지 알 수 없게 되었다. 그리스도인가? 케찰코아틀인가?"

과테말라에는 막시몽의 신당이 무려 3만 개소나 있다고 한다. 하지만 과테말라인만 오는 것은 아니어서 엘살바도르, 온두라스나 니카라과 등 이웃나라와 멀리서는 미국에서도 사람들이 예배를 드리러 온다. 신당은 밖에서 보면 평범한 가정집인데, 출입이 자유롭도록 대개 문 대신 거적이 달려 있다. 신당 안으로 들어가면 창이 따로 없어 어두컴컴하다. 듣고 읽은 이야기지만 이미지가 그려진다. 천장에는 요란한 종이 장식이 주렁주렁 매달려 있고, 실내는 향 연기로 자욱한 가운데 막시몽 상이 중앙의 단위에 모셔져 있다. 이따금 곁에는 십자가에 처형당한 후 가시면류관을 쓴 채 무덤 속에 안치된 그리스도 상이나 가롯 유다 상, 과달루페 상이 함께 모셔져 있다. 그리고 한쪽에 신도단들이 앉아 있다. 간혹 3인조 밴드가 대기하고 있기도 한다.

산타 마리아 성당의 내부 장식. 멕시코의 토난친틀라에는 산타 마리아 성당이 있다. 황금이 입혀진 흰색 건물이다. 성당의 내부에는 열대과일과 꽃이 장식되어 돔 지붕의 정상을 향해 무한한 풍요의 꿈을 갈구하듯 뻗어 올라간다. 그리고 벽화에는 천사와 악마의 모습이 새겨져 있는데, 인디오들은 천국을 향하는 순진무구한 천사로, 스페인 정복자들은 두 개의 혀를 지니고 붉은 털로 뒤덮인 악마로 묘사되어 있다. 그렇게 정복자는 정복당하고 인디오들의 낙원은 최후의 심판에서 회복된다.

물론 신당에 그냥 들어갈 수는 없다. 목욕재계가 아니라 입장료가 필요하다. 보통 10케찰, 그리고 제사를 지내면 20케찰이 추가되고, 무당에게는 사례비로 25케찰을 줘야 한다. 전에는 무당이 꽤 많은 수입을 올렸는데, 요즘에는 경쟁이 심해져서 전만 못하다는 후문이다.

자, 이제 신자는 막시몽에게 다가가 엽궐련이나 담배를 물린다. 기도를 드리는 동안 자기도 피울 수 있다. 이제 준비해온 술을 꺼내 무당에게 주면 무당은 그 술을 신자의 온몸에 뿌린다. 성스러움을 값으로 따지랴. 성수, 아니 성주聖酒는 동네 슈퍼에서도 흔히 구할 수 있는 물건이다. 그리고 신자는 새전賽錢을 막시몽의 가슴에 묻고 기도를 올린다. 그동안 무당은 신자의 몸 구석구석과 막시몽의 무릎에 깔린 타월에도 술을 뿌려댄다. 타월이 흥건히 젖으면 타월을 다시 신자의 머리 위에 짠다.

그리고 이제 초에 불을 붙인다. 초는 여러 색깔이 있다. 아무 색깔에나 불을 붙여서는 안 된다. 색깔마다 의미가 다르다. 빨강색은 연애, 파랑색은 일, 하늘색은 공부, 흰색은 사업, 장밋빛은 건강이다. 그리고 검은색은 상대에게 재앙을 안기는 저주의 색깔이다. 여기까지 자료를 조사하다가 웃음이 새어나왔다. 어설프거나 엉뚱해서가 아니었다. 차라리 수긍이 가는 느낌이었다. 사실 맥락 없이 "인류 평화" 운운하는 목사님들이나 수능이 끝난 후 "모든 수험생에게 좋은 결과가 있기를 바랍니다"라는 앵커의 빈 소리보다 저 몸부림과 저주는 얼마나 더 현실적이며 또 인간적인가. 저 부산스러움과 기원도 불분명한 채 뒤죽박죽이 되어버린 저 상상력은 오히려 유토피아의 정연한 상상력보다 삶에 가깝지 않겠는가.

7

과테말라시티,
남의 일상을 여행하는 일

구시가지로 가볼 계획

과테말라. 그 이름은 마야 나우아틀어 '고아테말란'에서 유래한다. '나무가 많은 곳'이라는 뜻이다. 산속을 거니는데 나무가 많다면 그 풍경은 날 감싸고, 초원을 차로 지나는데 나무가 많다면 차창 밖의 그 풍경은 시야를 터준다. 초원은 하늘과 함께 세상을 두 빛깔로 나눠 갖는다. 그 잔잔한 빛깔은 결코 물리지 않는다. 그리고 그 색상의 태곳적 단순함에 사고는 힘을 얻는다.

여행은 생각의 산파다. 움직이는 차 안에서 내다보이는 바깥의 초원은 그 평온함으로 내 안에 얽혀 있던 소소한 감정들을 잠시 덮어 편안한 자기 대화로 나를 이끈다. 안티구아에서 과테말라시티로 향하는 초원길은 아름다웠다. 하지만 그 모습에 시선이 빼앗긴 동안에도 마음은 좀처럼 차분해지지 않았다. 목적지에 대한 기대감 탓이 아니었다. 차라리 불안감이었다.

과테말라 여행을 계획할 때 최종 목적지로 잡은 곳이 과테말라시티였다. 수도首都인 까닭이다. 하지만 행정과 경제의 중심지라는 이유보다도 수도라는 장소가 갖는 공간적 복잡함과 시간적 다층성이 궁금했다. 수도가 지닌 세련됨과 어수선함, 개발의 흔적과 감출 수 없는 어떤 가난, 고급 쇼윈도와 거기에 낀 먼지, 매연과 소음, 골목길로 빠질 때의 즐거움과 깔끔한 레스토랑에서 식사하는 느긋함 등이 한데 얽혀서 그 공간의 독특한 삶을 수놓는다.

유적지로 호숫가로 돌아다닌 내게 과테말라를 떠나기 전에 시티의 부산함 속에 잠시나마 몸을 담갔다가 떠나는 일은 괜찮은 여정이 되리라 생각했다. 더구나 구시가지에 있다는 이런 이름을 접했던 터였다. 헌법광장 Plaza de la Constitución, 개혁궁전Palacio de la Reforma, 문화궁전 박물관Museo del Palacio Nacional de la Cultura. 비록 그 내력은 모르지만 매혹적인 이름이 아니던가. 레포르마 중앙 대로에 노벨문학상 수상자인 미겔 앙헬 아스투리아스의 동상이 버티고 서 있는 곳. 그곳에 가보고 싶었다.

1박 2일의 짧은 일정이지만 과테말라 국립 고고학·민족학 박물관도 들러보려는 야무진 계획도 세웠다. 마야 문명을 보여주는 2만여 점의 고고학 유물과 5,000여 점의 민족학 유물을 소장하고 있다고 들었는데, 앞선 여행지에서 접했던 내용들을 다시 음미해볼 수 있는 좋은 기회라고 여겼다. 또한 이 박물관은 1871년의 자유혁명을 기념해 설립되었다던데, 혁명을 기리고자 박물관을 세웠다는 그 발상도 궁금했다. 그리고 멕시코시티로 돌아가는 비행기를 타려면 멕시코의 국경 도시인 타파출라로 가야 하는데, 그곳으로 떠나는 버스가 시티에 있었다. 과테말라시티는 여러모로 꼭 가야 할 곳이었다.

과테말라시티에 가면 생긴다는 일들

하지만 시티로 향하는 차 안에서 나는 안절부절못했다. 기대감 대신 딴 생각이 들어차 있었다. 지갑에 돈을 얼마나 넣고 다녀야 할까. 가방은 호텔

과테말라시티의 거리.

에 맡겨도 될까. 복대를 구해야 하나. 카메라를 들고 다녀도 될까. 여행객티가 안 나도록 작은 카메라만 호주머니에 넣고 다닐까. 강도를 만나면 얼마나 대들다가 돈을 줘야 할까. 만약 여권을 빼앗기면 다음 수순은.

시티의 구시가지를 가보겠다는 야무진 계획은 과테말라에 오기 전에 세워뒀는데, 막상 여행을 하면서 만난 여행객들은 누구 하나 시티행을 권하지 않았다. 현지 사정에 밝을수록, 가령 호텔이나 게스트하우스의 주인들이라면 더 강하게 만류했다. 위험해서였다.

사실 처음 듣는 소리는 아니었다. 과테말라에 오기 전, 정보를 구하기가 힘들어 주 과테말라 대사관 홈페이지에 들어가봤다. 명색이 대사관 홈페이지인데 좋은 소리는 하나도 없고 웬만하면 시티로 오지 말 것이며 오려거든 마음 단단히 먹으라는 으름장만 잔뜩이었다. 과테말라 전체 범죄의 47~58퍼센트가 시티에서 벌어지며 더군다나 흉악 범죄가 많다고 했다. 과테말라에서 하루 평균 열입곱 명이 살해되는데, 이 중 대부분이 시티에서 불상사를 당한다는 통계 자료도 덧붙였다. 그러고는 여행객을 위한 주의사항이 이어진다.

거기 나온 대로 다 따르자면 여행이 불가능할 지경이었다. "외출은 가급적 삼가고 인솔자 또는 일행과 함께 행동하는 것이 좋습니다." 외출을 삼가는데 어떻게 여행을 하지? "이동 시 가급적 차량을 이용하고, 도보 이동은 삼가주시기 바랍니다." 낯선 공간을 거니는 것이야말로 배낭여행자의 특권 아니던가! "일몰 이후에는 원칙적으로 외출을 삼가주시기 바랍니다." 도시의 밤을 어찌 외면하라고! "부득이한 경우에도 호텔 밀집 지역인

제10지역Zona 10을 벗어나는 것은 지양해주시기 바랍니다." 구시가지는 포기해야 할 것인가. 그리고 결정타, "강도를 만날 경우 절대 반항하지 말고 모든 소지 금품을 내어주시기 바랍니다." 어쩌라고!

대사관 홈페이지에서 그 무시무시한 경고문을 봤을 때는 대사관이란 데야 일이 생기면 제일 피곤해질 곳이니 그냥 겁주는 소리겠지 하고 보아 넘겼다. 과테말라에 도착해 이번에는 파나하첼의 일본인 게스트하우스에서 일본 외무성이 발행한 안전 책자를 보았다. 일본과 비교하면 단위 인구당 사건 사고 발생률이 77배 높으니 주의하라며, 한국 대사관 홈페이지보다 훨씬 상세하게 안전 수칙들을 적어놓았다. 그때도 이렇게 생각했다. 안전이야 상대적인 것 아닌가. 낯선 장소는 으레 위험해 보이는 법 아니던가.

하지만 막상 여행객들의 체험담을 들으니, 더구나 시티에 가보지 않은 이들마저 자기 얘기인양 시티에서 벌어진 사건들을 실감나게 들려주니 생각이 조금씩 바뀌었다. 가령 이런 얘기다. 관광객처럼 얼쩡거리고 있으면 큰일 난다. 금세 표적이 된다. 돌아다니다 보면 벤치에 앉아 있던 사람이 시간을 물어보곤 하는데 그때 발걸음을 멈춰서는 안 된다. 카메라를 꺼내서도 안 된다. 돈은 빼앗길 만큼을 늘 따로 가지고 다녀라. 달라는 데 없어도 곤욕을 치른다. 준답시고 호주머니에 손을 넣어도 안 된다. 무기를 꺼내는 줄 알고 상대가 먼저 쏠지 모른다. 돈이 있는 곳을 손가락으로 가리켜라.

이런 경우도 있다. 이번에는 강도가 아니라 경찰이 문제다. 시티에서 시내를 다니다 보면 갑자기 경찰이 다가와 여권을 보여달라고 불심검문을 한다. 이때 여권을 갖고 있지 않으면 벌금을 물린다. 그런 법이 어디 있냐고 (이중적인 의미에서!) 따져 묻고 싶지만 상대가 경찰이다. 남의 나라에서 어떻게 경찰을 상대로 법에 대한 시비를 가리겠는가. 그런데 강도가 많다고 하니 여권을 늘 가지고 다닐 수도 없는 노릇이다. 그래서 복사한 사본을 지니고 다니면서 경찰이 다가와 여권을 보여달라고 하면 한 번 정도는 사본이 있다며 넘길 수 있다. 하지만 몇 블록 지나지 않았는데 다른 경찰이 나타난다. 이번에는 다짜고짜 여권 원본을 요구한다. 그런 법이 어디 있냐고 사본이면 되지 않느냐고 따지고 싶지만 마찬가지로 헛일이다. 이런 경우는 앞에서 불심검문한 경찰이 다른 경찰에게 그 여행객은 사본밖에 없다는 것을 알려준다고 한다. 얼굴을 붉히고 따져봐야 헛일이다. 결과는 매한가지. 시간도 버리고 감정만 상할 뿐이란다. 이런 이야기들을 들으며 시티에 온 것이다.

범죄 연상

우리를 태운 미니버스가 시티에 도착했다. 이미 잔뜩 움츠린 상태였다. 버스에서 지면으로 발을 내려놓는 일은, 그렇게 시티에서의 1박 2일을 시작하는 일은 어떤 담력 훈련의 첫 코스 같았다. 미니버스에는 운전사를 제외하면 나와 내 친구 둘밖에 없었다. 정말이지 무계획적으로 돌아다니며 내

과테말라시티의 야경. 거리에 어둠이 깔리면 여행자의 걸음은 빨라진다.

행선지를 그대로 따라오던 레오와 윙도 시티는 비껴갔다. 그럴 법했다. 그들이 가지고 있는 카메라는 워낙 고급이어서 내가 다 불안할 지경이었으니까. 나 역시 배낭을 멘 채로 돌아다니는 일은 최대한 피하려고 버스 운전사에게 안내를 받아 호텔 바로 앞에서 내렸다. 그나마 안전하다는 공항 근처의 호텔이었다. 구시가지에서 머무는 일은 엄두도 못 냈다.

그렇다고 시티에서 지낸 1박 2일 동안 딱히 어떤 일이 생기지는 않았다. 위험의 징후는 있었다. 하지만 그것은 꺾인 골목에 있는 고양이의 그림자가 담벼락에 호랑이만하게 비쳐지면 지레 놀라는 일과 비슷했을지 모른다.

골목길 이야기가 나왔으니 말인데, 가령 어두운 밤길 내 앞에서 걷고 있던 여성의 발걸음이 후미진 골목길로 접어들자 갑자기 빨라지는 경우가 있다. 분명 '나'라는 존재를 위협적으로 느껴서일 텐데, 그럴 때 발걸음을 늦춰 거리를 둬야 할지, 나도 급하니까 앞질러야 할지, 아니면 걱정하지 마시라고, 그런 사람(?) 아니라고 말을 건네야 할지 난감하다.

이번에는 내 쪽이 그 여성처럼 위협을 느꼈던 경우겠다. 그 위험이 실제 존재하든 그렇지 않든 간에 그 골목길에서 서로 누구인지도 모른 채 나는 그 여성에게 위협감을, 그 여성은 내게 일말의 불쾌감을 남긴다. 하지만 딱히 누구의 잘못이라고 할 수 없다. 한국의 밤길은 여전히 위험하다. 엄연히 강도 사건과 성범죄가 벌어지고 있으니 그 여성은 자신을 지켜야 했을 것이고, 나 역시 시티가 위험하다는 소리를 들었으니 남들을 경계의 눈빛으로 쳐다보게 된 것이다.

하지만 엄밀히 말해 그 여성의 경우와 같다고는 할 수 없다. 내게 시티의 위험성이란 경험적으로 확인된 바가 전혀 없었다. 처음에는 남들에게 주워들은 몇 가지 이미지가 전부였는데, "시티는 위험하다"라는 쪽으로 정보처리의 방향이 결정되자 시티는 내게 낙인찍힌 곳이 되었고, 거기에 상황이 발생했을 때 어떻게 대처해야 할지 내 상상력까지 더해지면서 시티 특히 구시가지는 '헌법공원—시간의 복층성……'이 아니라 '사건 다발 지역—마피아……'의 연상 쪽으로 기울었다.

실제 위협으로 느껴진 것이 있긴 하다. 총이었다. 과테말라에서는 총기 소지가 가능하다. "가능하다"는 말의 함의가 무엇인지는 정확히 모른다. 버스에서 총을 갖고 타지 말라는 표지를 보았으니 총을 가지고 다니는 사람들이 있을 테고, "한 가구 한 정" 정도로 총이 보급되어 있다는 소리도 들었다. 분명 백화점이나 은행, 대형 마트와 같은 건물 바깥에 서 있는 경비원들은 대개가 총을 지니고 있었다. 장전은 되지 않았고 탄창은 허리춤에 차고 있었지만, 위협적이긴 마찬가지였다.

총기점도 눈에 띄었다. 호텔에 짐을 풀고 안전하다는 동네를 돌아다니던 때였다. 몇 번을 망설인 끝에 들어가 보기로 마음먹었다. 대체 어떤 총들이 있는지, 총을 구입하기 위한 절차가 무엇인지 알고 싶었다. 물론 제대로 알아보려면 살 것처럼 행동해야 한다. 짐짓 여유 있는 표정으로 친구와 함께 총기점의 문을 열고 들어갔다.

가게 주인이 현지인으로 보이는 손님과 흥정하는 중이었다. 진열된 총들을 구경하며 차례를 기다렸다. 할리우드 영화에서 봤던 총들보다 투박

과테말라시티에서는 어렵지 않게 총기점을 찾을 수 있다. 과테말라 사회에 총이 퍼진 것은 1961년부터 1996년까지 36년간 내전이 이어진 탓이다.

하게 생겼고 금속성 느낌도 강했다. 아마도 가게 주인은 그냥 구경 온 사람이란 걸 한눈에 알아봤을 것이다. 그래서 스페인어를 할 줄 아는 친구에게 부탁해 호신용 총을 사려고 하는데 별로 비싸지 않았으면 좋겠다고 말을 붙였다.

가게 주인은 진열된 물건들 중 제일 왼쪽에 놓여 있던 것을 꺼내주었다. 그만한 크기의 철근을 드는 듯한 묵중함이었다. 하지만 사람을 죽일 만한 묵중함으로 느껴지지는 않았다. 러시아제라고 했다. 가격은 450달러. 너무 무거우니 기왕에 다른 것도 보여달라고 요구했다. 이번에 건네준 것은 안쪽 주머니에 넣고 다녀도 될 만큼 작은 크기였다. 750달러. 총알 가격도 물어보니 5달러에 50발이란다. 한 발에 200원도 하지 않는다니. 사람 목숨 값과 200원. 불쾌할 정도로 저렴했다.

내친김에 외국인이 총을 구입하려면 어떻게 해야 하는지도 물어봤다. 총기점 주인은 갑자기 영어로 말하기 시작했다. 이유는 둘 중 하나일 것이다. 영어를 쓰는 것은 분명 가게에 다른 현지인이 있어서일 텐데, 외국인에게 총을 파는 게 떳떳치 못한 일이거나, 아니면 현지 시세와는 다른 가격으로 거래할 생각이거나.

외국인이 총을 살 때 필요한 서류들은 의외로 간단했다. 여권과 사진, 그리고 과테말라에서 거주하고 있다는 사실을 증명하는 서류로 족했다. 가게 주인이 견본이라며 한 네덜란드인이 내고 간 두툼한 서류 뭉치를 보여줬다. 여권의 모든 면이 복사되어 있었다. 나는 여행객이어서 거주를 증명하는 서류는 만들 수 없다고 하니 400케찰이면 대행이 가능하다고

과테말라시티에 가면 조심하라는 말들에 너무 과민해져 있었다. 한 사회의 안전은 어떻게 잴 수 있을까. 나는 가장 안전하다는 나라인 일본에서 생활하는 동안 전차가 멈춰 서는 일을 곧잘 겪었다. 표지판에는 이런 안내 문구가 올라왔다. "人身事故." 대개 자살했다는 뜻이다. 한국에서는 사람이 철로에서 자살하더라도 "사고로 인해 열차가 지연된다"며 모호하게 처리하지 저렇듯 누군가 죽었다고 알리지는 않는다. 일본 친구는 이렇게 말했다. "전철이 늦어진 게 사람이 뛰어내렸기 때문이지 회사 책임이 아님을 우회적으로 알리는 것"일 수 있단다. 사고는 금세 수습되고 승객들은 2, 3분 늦어질 뿐 안전하게 목적지에 도착한다. 한편 자살률로 따지자면 한국은 10만 명당 26.1명으로 OECD 국가 중 가장 높다. 반면 과테말라는 자살률이 가장 낮은 나라에 속한다. 한 사회가 병들었다는 것은 안으로 곪았느냐 고름이 바깥으로 새어나왔느냐의 차이가 아닐까. 서서히 스스로를 파괴해가는 나라를 안전하다고 할 수 있을까.

치안에 대한 불안보다 나를 더욱 옥죄었던 것은 과테말라 케찰을 갖고 있지 않다는 사실이었다. 달러가 아니라 멕시코 페소를 지니고 과테말라로 넘어왔는데, 수도로 오면 더 좋은 조건에 환전할 수 있을까봐 국경에서 환전하지 않았다. 그게 화근이었다. 금융 위기의 여파로 과테말라시티에서는 이웃나라의 돈 거래가 중지된 상태였다. 웬일인지 국제 현금카드 기기도 먹통이었다.

카드깡을 하지 않는 한 선택지는 세 가지였다. 첫째, 거리에서 밤을 보낸다. 하지만 엄두가 나지 않았다. 둘째, 공항에 가서 멕시코로 가려는 사람에게 환전을 요구한다. 하지만 공항으로 가는 차비도 여의치 않았다. 셋째, 어느 호텔에서건 한국인 관광객을 찾아 케찰을 빌리고 나중에 원화로 갚는다. 하도 조급해서 해본 상상이었다. 결국 인근을 헤집고 다니다가 작동할 것 같은 현금인출기를 발견했다. 하지만 카드를 긁어내리는 미묘한 리듬을 못 맞춰 번번이 인출에 실패했다. 결국 뒷사람이 도와주었다. 현금인출기에는 세 가지 경고사항이 적혀 있었다. “비밀번호를 유출하지 말 것”, “기계에 카드를 두고 가지 말 것”, “낯선 사람의 도움을 받지 말 것.” 결국 두 번째 사항을 빼놓고는 다 어겼다.

했다. 다행히 며칠이 걸린다기에 그걸 핑계 삼아 총기점에서 나올 수 있었다.

총기 소지의 내력과 내전

어느덧 해가 저물었다. 별일이 생기지는 않았지만 호텔로 돌아오는 발걸음을 서둘렀다. 멀지 않은 거리였지만 걷기보다는 대중교통 쪽이 안전하지 싶어 버스를 탔다. 버스 안에서는 지갑이 있는 뒷주머니에 신경 썼고 내려서 걷는 얼마 안 되는 시간 동안에는 한적한 거리라도 나오면 걸음을 재촉했다.

이건 아니었다. 이런 조급한 발걸음은 여행자의 속도가 아니었다. 여행하는 자의 발걸음은 낯설음이 안기는 자유로움으로 가벼우며, 카페 안 풍경이 궁금해 창 너머로 기웃거리려고 주춤하며, 새어나오는 음악소리에 잠시 멈추고 박자를 맞추다가, 그래서는 박물관 문 닫는 시간을 놓치겠다 싶어 서두른다. 무겁고 조급한 저 발걸음으로 시티를 돌아다닐 작정은 아니었다. 일이 생기지 않도록 버틴다는 느낌으로 시간을 보낼 작정도 아니었다.

무엇보다 누군가에게는 생활의 장소이며 일상의 풍경일 텐데, 위험한지 그렇지 않은지를 먼저 살피는 내 마음이 미안했다. 힘든 하루를 마치고 집으로 돌아가는 만원버스 안일 텐데 거기서의 부딪침이, 애인을 만날 생

팔라시오 나쇼날의 연인.

각에 늦지 않으려는 그 발걸음이, 그 일상의 움직임들이 내게는 느닷없이 닥쳐올지 모를 비일상적 상황을 떠올리게 만들었다.

과테말라시티를 다녀왔지만 여행했다는 생각은 들지 않았다. 여행이 꼭 가볍고 즐거워야 한다는 말은 아니다. 나의 여러 감각을 차단하고 몇 가지 불안한 공상 속에서 시달리다가 온 느낌이 불편했다. 그래서 이미 그 장소는 떠나왔지만 내가 느낀 불편함의 실체를 알아보고 싶었다. 사실 내가 유일하게 실제적인 위협으로 느꼈던 것은 '총기 소지'였으니 그 내력이라도 살펴보기로 마음먹었다.

여행은 그 장소를 떠났다고 끝나지 않는다. 과테말라시티행의 그 불편한 여운은 숙제를 남겼다. 우선 총이 흔한 물건이 된 사정은 10여 년 전까지 내전이 있어서라고 들었으니 그것을 단서 삼아 자료를 찾아보기로 했다. 물론 역사의 내력을 알아본다고 해서 복잡하게 직조된 오늘의 삶을 파헤칠 수 있다는 뜻은 아니다. 하지만 이방인이 더구나 그 장소를 떠나서 할 수 있는 일이란 그다지 많지 않다.

그런데 총기 보급의 계기가 되었다던 "10여 년 전 끝난 내전"은 자료 조사를 조금만 해보아도 몹시 복잡한 문제여서 줄거리를 그려내려면 긴 호흡으로 과테말라의 근현대사를 거슬러 올라가야 했다. 그 내전은 스페인의 점령으로 시작된 내부의 인종적·계층적 갈등과 미국의 라틴아메리카 정책을 두 축으로 삼고 있다는 사실을 알게 된 것이다. 총은 왜 보급되었을까 하는 궁금증은 내게는 감당하기 힘든 규모의 역사 이해를 과제로 안겼다. 그 줄거리를 만들어내려면 즉흥적인 내 호기심은 시간의 여과를 거쳐야 했다.

1522년 과테말라는 스페인에 정복당한 이후 중미 지역을 통치하기 위한 거점으로 개발되었다. 스페인 정복자가 이곳을 식민지로 삼았을 때 여러 선주민 부족은 각기 다른 언어를 사용하며 분열되어 있었다. 스페인은 통치를 위해 스페인어를 공용어로 쓰도록 강요하면서도 주로 고원지대에 나뉘어 살고 있던 부족 간의 분열을 활용했다. 그리하여 고원지대에는 선주민들이 머물고, 내륙은 점차 늘어가는 백인 그리고 백인과 선주민의 혼혈인 라디노로 채워졌다.

이런 부족 간 그리고 인종 간의 분열은 여전히 과테말라 사회의 주요 모순으로 남아 있다. 현재 과테말라에서 마야계의 선주민은 43퍼센트의 인구 구성 비율을 점하고 있으며, 이는 중남미 지역에서 가장 높은 편이다. 하지만 사회의 부는 백인과 라디노에게 집중되어 있다. 과테말라의 1인당 국민소득은 2,500달러 정도이나 영양 상태는 그보다 국민소득이 낮은 온두라스나 니카라과보다 좋지 않다. 그 까닭은 빈부의 격차가 심하고 선주민들이 경제적·사회적으로 몹시 소외되고 열악한 환경에서 살아가기 때문이다. 선주민과 라디노의 두 문화는 과테말라의 두 계층을 의미했다.

내부의 인종적·계층적 분열만이 문제는 아니었다. 여기에 바깥에서의 간섭이 더해졌다. 스페인의 지배에서 벗어나자 이번에는 미국이 있었다. 과테말라의 이웃나라이자 미국 옆에 자리잡은 멕시코는 스페인으로부터 독립한 지 불과 20년 만에 영토의 절반을 미국에 빼앗긴 바 있다. 이로 인한 정신적 충격과 굴욕감은 멕시코인에게 오래 남았다.

1876년부터 1911년까지 34년간 군림했던 독재자 디아스조차 이 같은 멕시코의 불행한 운명을 한탄하며 말했다. "애처로운 멕시코여, 너는 하느님으로부터는 참 멀리도 떨어져 있고, 미국과는 너무도 가깝게 있구나." 그리고 멕시코 다음으로 미국과 가까이 붙어 있는 나라가 바로 과테말라다.

총기 소지의 직접적 계기가 된 그 내전은 20세기 과테말라의 역사를 가로지르고 있다. 20세기의 과테말라는 독재로 출발했다. 1898년부터 1920년까지 에스트라다 카브레라가 독재자로 군림했는데 그는 비밀경찰을 창설해 정적을 숙청했다. 그 뒤를 호르헤 우비코가 이어받아 1931년부터 1944년까지 과테말라를 통치했다. 그리고 1944년 6월, 과테말라시티에서는 교사, 학생, 노동자가 한데 모여 '시민 전투'를 벌이며 정권 퇴진을 촉구했다. 6월 25일, 교사들이 주도한 시위에서 교사인 마리아 친치야가 사망하자 정권에 대한 반대 시위는 더욱 격렬해졌고 마침내 1944년 7월 1일 우비코 대통령은 사임한다.

그러나 정권은 대통령의 친구였던 페데리코 폰세 바이데스에게 이양되어 독재가 지속되었으며, 이에 시민과 군대의 청년장교, 소규모 상인이 힘을 합쳐 시민운동을 전개했고 결국 이들은 경찰과 군대를 밀어내고 대통령을 자리에서 끌어내렸다. 이윽고 혁명위원회가 설치되어 교육자 출신의 호세 아레발로가 과테말라 최초의 민선 대통령으로 취임했다.

그는 사회보장국과 선주민국을 설치하고 노동자의 권리를 지키기 위한 노동법을 제정했다. 당시 군부는 청년장교파가 요직을 점하고 있어 대통령을 보위했다. 하지만 군부의 주도층은 여전히 대토지 소유자, 자본가와 결탁하고 있었다. 이들은 친미파였다. 아레발로 대통령이 우비코 정권 시절에 선주민에게 빼앗은 토지를 돌려주고자 농지법을 제정하자 미국의 연합청과회사는 반발했고 미국은 과테말라의 군부를 통해 좌파 정권 흔들기에 나섰다.

하지만 민중의 힘으로 들어선 좌파 정권이 바로 무너지지는 않았다. 아레발로의 뒤를 이어 대통령이 된 급진 개혁파 청년장교인 하코보 아르벤스 구스만은 1952년에 토지개혁법을 실시해 미국 연합청과회사 소유의 농지 가운데 휴경지를 몰수했다. 그리고 사회주의 정책을 실시하여 사실상 칠레 아옌데의 사회당 정권 이전에 라틴아메리카 최초의 사회주의 정권을 수립했다. 당시에는 젊은 에르네스트 게바라(이후 체 게바라)도 의료지원자로 활동하겠다는 포부를 안고서 과테말라로 왔다.

그러나 자국의 자본가에게 손해를 안기고 뒤뜰이 적화되고 있는 것을 방관할 미국 정부가 아니었다. 결국 미국 정부는 1954년 반反아르벤스파 군인인 카를로스 카스티요 아르마스의 쿠데타를 사주해 사회주의 정권을 무너뜨린다. CIA가 반혁명군을 조직해 온두라스로부터 과테말라시티로 침투시키고, 예정된 수순에 따라 워싱턴은 이를 빌미 삼아 과테말라로 전투기를 출격시켰다. 이후 칠레 아옌데 정권에게 벌어질 일의 전조가 아르벤스 정권에게 먼저 일어난 것이다. 다만 아르벤스는 자리에서 물러나야 했으나 칠레의 아옌데는 미국을 등에 업은 피노체트의 쿠데타에 저항하다가 모네다 궁에서 폭격을 당해 사망했다.

그렇게 집권한 카스티요 아르마스는 좌파를 살해하고 노동조합을 탄압했다. 과테말라의 직접선거와 민주주의 투쟁의 경험을 짓밟고 다시 독재에 나선 것이다. 그는 1957년에 암살되지만 또다시 군부 출신의 미겔 이디고라스 푸엔테스가 대통령으로 취임한다. 1960년 청년장교파는 쿠데타를 시도했으나 실패하고, 살아남은 이들은 반정부 무장조직을 결성했다.

그리하여 기나긴 내전이 시작된다. 이디고라스 정권은 게릴라 소탕에 필요한 군부 지도관과 정보원을 워싱턴에서 받아들여 참혹한 탄압에 나섰다. 당시 미국은 쿠바혁명의 파장이 다른 나라에 미치지 않도록 1963년 '중남미 방위 이사회'CONDECA를 창설했는데, 그때 과테말라를 공산주의 게릴라를 몰아낸 모델국으로 지정했다.

이어 1970년 대통령에 취임한 강경 보수파 군인 카를로스 마누엘 아라나 오소리오는 게릴라 소탕 작전을 이어받고 급진파 학생들을 잡아들이고자 취임 첫해에 1년간 계엄령을 선포했다. 과테말라 사회는 마르크스-

1994년 6월 23일 오슬로에서 설립된 역사규명위원회는 18개월간의 조사 끝에 『과테말라: 침묵의 기억』이라는 보고서를 발표했다. 보고서에 따르면 내전 동안 약 20여만 명이 사망 및 실종되었고 확인된 대량학살 현장만 630곳에 달했다. 그토록 처참하진 않더라도 내전이 과테말라에서만 일어난 역사는 아니었다. 멕시코를 비롯해 라틴아메리카의 여러 나라에서는 양대 혁명, 즉 계급 해방을 위한 원주민과 농민의 혁명과 중앙집권적 근대화를 위한 국가의 혁명이 충돌했고, 이 충돌은 구질서를 전복시키는 혁명 이상의 유혈 사태를 초래했다. 혁명은 혁명을 죽이고 형제가 형제를 살해했다.

레닌주의를 표방하는 무장 게릴라 집단, 과테말라 군부와 극우 세력이 지원하는 테러 단체, 그리고 반정부 무장 조직을 진압하기 위해 반공 정책을 추진하는 정부 세력 간의 폭력으로 극심한 혼란에 직면했다. 계엄하에서 과테말라의 정치와 경제는 크게 후퇴했으며, 여기에 1976년 이사발 주에서 발생한 30초간의 대지진으로 과테말라 전역에서 2만 명 이상이 목숨을 잃었다.

반정부 무장 조직은 정부의 거센 공세에 밀려 도시에서 지방으로 거점을 옮겼다. 그리하여 도시에서 자란 지식 계급의 청년과 선주민 빈농층 간의 대화가 시작되었다. 점차 선주민의 청년도 반정부 활동에 가담하여 게릴라 조직은 거점 지역에 따라 분파가 생겼다. 대표적인 것들이 빈민 게릴

다니엘 에르난데스 살라사르의 〈어느 천사의 기억〉이다. 다니엘은 과테말라시티의 길거리 곳곳에 '천사'를 붙이고 다녔다. 그러면 경찰들은 떼어내느라 분주했다. 그것은 기억의 전쟁을 뜻했으며, 거리는 기억의 전장이었다. 그는 내전과 학살의 상흔을 직접 표현하지 않고, 대신 소리치는 천사를 등장시켜 '부재의 표상'을 만들어냈다. 천사는 내전과 학살의 기억이 있는 장소라면 어느 곳에나 붙여지며, 천사가 붙여진 벽에서는 억압되었던 목소리가 들려온다.

라군EGP, 무장 인민군ORPA, 과테말라 노동당PGT, 반란 무장군FAR의 4대 분파였다. 군부는 이처럼 점차 마을로 숨어드는 게릴라들을 적발하기 위해 민병 조직을 창설한다. 그리하여 한 마을에서 이웃끼리 피를 보는 참극이 벌어진다. 총은 정부가 나서서 보급시킨 셈이며, 총이 퍼져나간 사회에서 생존하려면 총은 또한 갖추어야 할 물건이 되었다.

1970~80년대 민주주의를 향한 과테말라의 행보는 지독히도 격렬했다. 군부는 노동조합과 농민 단체를 탄압했으며, 1978년에는 100여 명의 선주민을 살해하는 판소스 사건이 발생했다. 노동자, 학생대표, 시민운동가에 대한 납치와 살인, 게릴라 소탕을 목적으로 한 백색테러. 과테말라는 민주주의의 역사를 문자 그대로 피로 쓰고 있었다. 그리고 마침내 1982년 반정부 조직의 4대 분파는 대동단결하여 과테말라 인민혁명동맹URNG을 결성해서 정부와의 대결에서 힘의 균형을 이룬다.

확고하고 영원한 평화협정

과테말라시티를 떠나 가야 할 곳은 타파출라다. 거기서 멕시코시티로 돌아가는 비행기를 타야 한다. 타파출라에 가려면 구시가지로 나와 버스 터미널로 가야 했다. 그래서 기왕 구시가지로 가는 김에 마음을 단단히 먹고 밥도 든든히 챙겨 먹고 일찍 나와 구시가지를 둘러보기로 했다.

팔라시오 나쇼날에 가보았다. 팔라시오 나쇼날이라는 명칭은 멕시코시티에서도 접한 적이 있었는데, 보통 검색하면 대통령 궁이라고 옮겨져 있다. 하지만 대통령이 살고 있지도 않으며, '대통령'과 '궁'이라는 조합 역시 어색하다. 단지 번역상의 오류라기보다 그 지역을 이해하는 어떤 감각 내지는 상상력의 한계를 보여주는 사례이지 싶다. 과테말라의 팔라시오 나쇼날은 독재자였던 우비코 대통령이 자신이 재임 중이던 1939년 1월에 공사를 시작해서 1943년 11월에 완공시켰다. 건물의 중심을 이루는 내부 공간은 사면이 각각 다섯 개의 아치로 둘러싸여 있는데, 그 까닭은 우비코

과테말라의 팔라시오 나쇼날.

대통령 이름이 알파벳 다섯 글자라서 그렇다고 한다.

바로 이곳에서 저 내전은 일단락을 지었다. 1996년에 정부와 과테말라 인민혁명동맹 사이에 평화협정이 체결된 것이다. 원래 교섭은 1990년 3월 노르웨이의 오슬로에서 시작되었으니 협정에 이르기까지의 그 긴 시간은 교섭의 진통을 가늠케 한다. 자국이 아닌 남의 나라에서 교섭을 시작해야 했다는 사정도 포함해서 말이다. 소설가로서 선주민들의 인권 운동에 진력해 1992년 노벨문학상이 아닌 노벨평화상을 수상한 리고베르타 멘추도 교섭의 진전을 위해 노벨상을 생명 보증서 삼아 망명지였던 멕시코로부터 돌아왔다. 과테말라에서는 그녀를 포함해 아메리카 대륙 선주민의 대표들이 모여 지역횡단회의를 개최했다. 과테말라의 내전은 나라 안의 전쟁일 뿐 아니라 라틴아메리카 세계의 분열을 응축해서 반영했던 것이다.

그리고 마침내 1996년 12월 29일, 과테말라시티에서 아메리카 대륙의 수뇌가 모이고 5만 명의 시민이 참가한 가운데 평화 조인식이 거행되었다. 내전으로 공식 집계된 사망자 수가 20만 명, 실종자 수가 5만 명, 남편을 잃은 여성의 수가 10만 명, 부모 잃은 아이의 수가 25만 명, 멕시코로 떠난 피난민이 15만 명이었다.

관광객들은 팔라시오 나쇼날의 관람을 마치고 나가기 전에 평화협정의 기념물과 마주한다. 사진을 보자. 아래 아홉 개로 된 밑돌은 9년이라는 내전의 시간을, 팔짱을 낀 열여섯 개의 팔은 과테말라 열여섯 개의 지역을 상징한다고 가이드가 일러주었다. 그것들이 함께 평화를 기원하는 두 손을, 그 무게를 떠받치고 있다. 그때는 왜 9년인지 물어볼 생각을 못했는데, 결국 지금까지 알아내지 못했다. 여러 자료를 보자면 내전은 1961년부터 1996년까지 36년간 지속되었다고 기록되어 있는데, 저 9년의 의미는 아직 숙제로 남아 있다.

이 협정은 '확고하고 영원한 평화협정'Acuerdos de Paz Firme y Duradera이라는 이름을 가지고 있다. 다소 길고도 독특한 그 이름에는 확고하고 영원하리라는 약속과 그래야 한다는 염원의 한구석에 언젠가 그 약속이 깨질지도 모른다는 불안함도 자리잡고 있는 것 같았다. 정부와 과테말라 인민혁

1996년의 평화협정을 기념하는 조각물(왼쪽)과 '확고하고 영원한 평화협정'(오른쪽). 팔라시오 나쇼날 안에 있다.

명동맹은 종전이 아닌 휴전에 합의한 상태이며, 정부는 평화협정이 맺어지고 나서도 좌파와 선주민 활동가들을 상대로 여러 인권 범죄를 저질렀다. 하지만 과테말라는 험난한 길을 한 걸음 한 걸음 옮겨가고 있는 중이다. 선주민 출신과 좌파 출신의 의원이 다수 등장했으며, 2007년에는 좌파인 알바로 콜롬이 집권에 성공했다.

남들의 일상을 여행하는 일

주 과테말라 대사관 홈페이지에서 이런 문구를 읽었다. '국민성·기질'이라는 항목으로 분류되어 있었다. "대부분 친절하며 가톨릭 신자로 보수적이고 순박한 편이나, 유럽과 미국의 영향을 많이 받아 개방적인 기풍도 병존", "인구의 대부분을 차지하는 중산층 및 빈곤층은 미래에 대한 희망보다는 현실의 이익을 중시하며, 종교에 대한 신앙심이 높은 편", "여타 중남미인들과 마찬가지로 남녀노소, 장소를 불문하고 음악만 있으면 춤추는 것을 즐기는 등 낙천적 성격을 보유", "약속 관념이 약하고 다소 게으른 편이며 오랜 식민지 노예 생활로 인해 잘못을 한 경우 발뺌하거나 거짓말을 늘어놓는 경우도 빈번."

이런 문구들은 얼마만큼의 진실을 함유하고 있을까. 과테말라의 사회를 이해하는 데 얼마만큼 도움이 될까. "보수적이고 순박하다"는 것은 누구의 기준으로 그렇다는 것일까. "미래에 대한 희망"과 "현실의 이익"은

과연 구분할 수 있을까. "여타 중남미인"은 30여 개국에 이르는 나라 사람들 가운데 누구를 가리키며, 대체 그의 하루 삶이 고단했다면 어느 누가 "장소를 불문하고 음악만 있으면 춤추는 것을 즐"길 수 있을까. 약속 관념이 희박하고 잘못을 하면 발뺌하거나 거짓말을 늘어놓는다는 진술은 얼마만큼의 경험적 근거를 바탕으로 내놓은 말일까.

아주 짧게 스쳐 지나간 여행객인 나로서는 확인할 수 없는 문구들이다. 하지만 한 가지 추측과 한 가지 사실은 말할 수 있다. 그 추측이란 미국이나 프랑스처럼 소위 선진국을 상대로라면 저렇듯 가볍게, 더구나 대사관 측이 나서서 '국민성·기질'을 운운하지는 못하리라는 점이다. 그리고 사실이란 저러한 문구가 나처럼 그 지역으로 여행을 떠나는 이들의 시선에 알게 모르게 영향을 주리라는 점이다.

나는 과테말라시티에 다녀왔다. 하지만 어느 특정한 시간, 특정한 장소에서 어떤 장면들을 스쳐 지나왔을 따름이다. 더구나 이번 과테말라시티행은 사전에 주어진 몇 가지 이미지 속에서 배회하는 데 머물고 말았다. 그래서 더욱 묻게 된다. 과테말라시티에 다녀왔다는 진술은 무엇을 뜻할까. '과테말라시티'라는 장소의 이름과 '다녀왔다'라는 내 행위가 한 문장 안에 나란히 놓일 때 그것은 무엇을 의미할까.

나는 과테말라시티가 위험한지, 과테말라인의 국민성·기질이 어떠한지 알지 못한다. 다만 씁쓸한 여정에서 얻은 교훈은 있다. '그 나라가, 그 나라 사람이 어떻다'는 진술을 하려거든 먼저 자기 경험을 향한 의심이 필요하다. "과테말라는 어떻다"는 "나는 과테말라에서 거기밖에 가보지 못했다"로, "과테말라인들은 어떻다"는 "내가 거기서 만난 사람들은 몇몇에 불과하다"로 옮겨서 생각할 수 있어야 한다. 대상에 대한 진술은 그보다 앞서 자기 경험에 대한 의문을 필요로 한다.

그리하여 지금 글을 쓰고 있는 나는 생각한다. 어찌하여 이 글에서 과테말라의 그들은 계속 3인칭으로 뭉뚱그려지고 있을까. 그리고 왜 '그들'에 관한 이야기를 들려줄 2인칭 '너, 당신'의 자리에는 한국어 사용자가 상정되어 있을까.

물론 이 글이 한국어로 작성되고 있는 까닭이다. 하지만 쉽게 떨쳐낼 수 없는 문제가 여전히 남는다. 내가 이야기로 엮어가는 3인칭 '그들'은 직접 얼굴을 대한 적이 있지만, 이 글을 읽어줄 한국어 독자는 아직 대면한 적이 없다. 하지만 '나/당신/그들'의 구분 속에서 '그들'과의 구체적 만남은 막연한 '당신'과의 대화를 위해 이야기의 소재로 전락한다. 그리고 이런 인칭의 구분은 글을 쓰고 있는 지금만이 아니라 여행을 하던 당시에도 어떤 인식의 위계로 작용했을 것이다.

내가 구체적인 누군가를 만나 경험한 이야기는 내 사회로 돌아가 아직 만난 적이 없는 사람들을 향해 발화될 것이다. 그리하여 또 나는 생각한다. 여행지로 떠난 나는 그곳에서 살아가는 이들의 일상을 이야기의 소재로 삼는다. 그 이야기가 성립하려면 그곳으로 떠난 내게 어떠한 선택이 있었듯이 그곳에 머물며 살아가는 이들에게도 매일의 선택이 있어야 한다. 그러나 거기서 일상을 꾸리는 그들의 선택은 그곳으로 떠난 나의 선택만큼 극적으로도 실존적으로도 보이지 않는다. 여행이 만들어주는 '보는 자

리.' 여행은 일상과 다르다는 감상 혹은 착각. 그리고 남들의 일상을 여행하는 일. 아직도 괄호 속에 남겨져 있는 과테말라의 1박 2일이 남긴 물음들이다.

8

멕시코시티,
혁명과 토페

세상에서 가장 큰 도시

멕시코시티로 들어가는 비행기에 오른 것은 네 번째다. 끝나지 않을 것처럼 이어지는 바깥 세계의 어둠들. 창에는 바깥 풍경 대신 내 얼굴이 비친다. 또다시 어떤 간절함에 이끌려 이곳으로 왔을까. 오랜 비행 시간에 초췌해진 얼굴을 보며 묻는다.

우웅…… 귀를 가득 메우는 비행기 실내의 소음은 내면의 대화로 들어가는 적절한 적막이 되어준다. 그러다가 어느 한순간 창밖으로 불빛이 하나둘씩 보이기 시작한다. 호숫가에 흩뿌려진 꽃잎처럼. 이윽고 불빛의 행렬이 이어진다. 이번에는 마치 〈바람계곡의 나우시카〉의 오무 떼들이 산을 넘다가 그 자리에서 멈춘 듯 붉은 빛을 발한다.

비행기는 공항으로 진입하려고 동체를 오른쪽으로 크게 틀어 저공비행을 한다. 그러면 내 몸도 함께 기울어 지면을 향한다. 거리와 건물들의 어렴풋한 윤곽이 눈에 들어온다. 해발 2,000미터 분지에 형성된 멕시코시티의 그 웅장함. 산보다 차라리 바다를 연상시킨다. 내려가 보지 않으면 불빛들의 정체와 그 불빛 아래에서 살아가는 사람들의 사연을 알 수 없지만, 비행기에서 내려다보이는 멕시코시티의 밤 풍경은 분명 인간이 만들어낸 장관이다.

멕시코시티는 큰 도시다. 물론 사람들이 살아가는 모든 곳은 크다. 삶의 이야기가 있는 곳이라면 어디든 간에. 또한 도시가 크다는 뜻도 여러 가지겠다. 인구가 많을 수도, 영향력이 클 수도, 상징성이 높을 수도 있다.

하지만 멕시코시티는 물리적 규모에서 세계에서 가장 큰 도시다. 멕시코시티의 면적은 시를 기준으로 1,479제곱킬로미터, 대도시권을 포함해서 2,286제곱킬로미터에 달하는데, 서울의 네 배 규모다.

그리고 넓을 뿐만 아니라 깊다. 깊이로 말하자면 한 도시가 다른 도시보다 깊다는 비교급 수사는 쉽사리 허용되지 않겠지만, 멕시코시티의 역사적 깊이는 어느 도시에도 뒤지지 않는다. 몇 겹의 역사가 깔려 있다. 원래 이 거대한 분지 안에는 테스코코라는 호수와 작은 섬들이 있었다. 이곳에 도시를 세운 이들은 아스테카인이었다. 그들은 14세기 초부터 땅을 매립해 제국의 수도를 세웠고, 그 웅대함은 라틴아메리카 세계에서 단연 으뜸이었다. 그 이름 테노치티틀란. 당시에도 그들의 세계에서 가장 큰 도시였으리라. 아스테카인들은 테노치티틀란을 거점으로 남쪽으로 뻗어가 16세기 초에는 지금의 과테말라, 온두라스, 니카라과 일대를 포함하는 중앙아메리카에서 호령했다.

그 제국의 심장, 테노치티틀란은 운하의 도시였다. 곳곳이 운하로 이어져 있고 그 위로는 다리가 놓여 있어 위기 상황이 닥치면 들어 올릴 수 있었다. 난공불락의 요새였다. 하지만 감히 제국의 수도를 넘볼 적국은 가까이에 존재하지 않았으며, 1521년 대서양을 건너 코르테스가 쳐들어왔을 때는 그들이 적인지 분간하지 못했다.

그 이후 테노치티틀란은 스페인의 부왕령 가운데 하나인 누에바 에스파냐의 거점 도시가 되었다. 하지만 도시의 이름은 아스테카 세계로부터 물려받았다. 메히코México라는 명칭은 아스테카의 군신軍神 멕시틀리의

멕시코의 어느 시가지. 삶의 이야기가 있는 곳이라면 도시는 어느 곳이든 크다.

1521년 이전 템플로 마요르. 템플로 마요르는 아스테카 제국의 대신전이었다. 아스테카인들은 이곳 정상에서 비의 신 틀랄로크와 태양의 신 위칠로포츠틀리에게 제사를 올렸다. 당시 신전에는 130개의 계단이 있었다고 전해진다. 지금은 과거의 터만이 남아 있다.

땅이라는 뜻이다. 멕시틀리는 메츨리(달)와 식틀리(배꼽)에서 온 말로 '달의 자식'을 의미한다.

테노치티틀란의 웅장함, 그 세계의 규모를 지금 가늠하기란 어렵다. 그 정확한 면적을 안다고 해도 건물들의 구획과 쓰임새 그리고 색상, 혹은 거기서 거주하던 이들의 세계관이 다르다면 도시가 품는 세계의 크기도 달라진다. 어쩌면 테노치티틀란의 규모를 상상하려면 저 메트로폴리타나 대성당에 올라가기보다 테오티우아칸의 피라미드 정상에 서보는 편이 나을지도 모르겠다. 사실 테오티우아칸은 아스테카의 유적지가 아니다. 톨텍족이 건설했으며 아스테카족은 그들의 후예다. 테오티우아칸은 멕시코시티에서 멀지 않은 곳에 있다. 소칼로에서 북동쪽으로 약 50킬로미터 떨어져 있다. 전성기는 6세기경이었고, 당시는 20만 명의 주민이 거주했으리라고 추정된다.

천문학적 통찰력이 뛰어난 것은 이 지역을 살아갔던 이들의 공통된 내력일까. 테오티우아칸의 압권은 70미터에 달하는 태양의 피라미드다. 자연으로부터 절연된 채 오만스러운 자태로 자신의 기하학적 비례를 뽐내고 있다. 하늘과 땅 사이에 떠 있는 양, 지상의 어떤 유대관계보다도 창공에 더 가까운 듯하다. 하늘로 향하는 그 길에는 4면에 아흔한 개씩 계단이 놓여 있다. 아흔한 번의 숨을 고르고 오르면 정상에 있는 제단이 나타난다. 그리하여 365, 즉 태양년의 날수가 된다.

태양의 피라미드는 하짓날이 되면 태양이 정확히 정면을 향하면서 저물도록 설계되었다. 자연과 문명은 서로를 비추며 1년의 하루를 축복한다.

인간의 시간과 자연의 시간, 힘과 생존은 저 장엄함 속에서 하나로 융해된다. 그날 인신 공양이 있다. 태양의 피라미드는 이집트의 피라미드처럼 파라오를 안치하고 내세를 기약하는 장소가 아니었다. 만인이 보는 스펙터클의 장소이며, 영원한 신의 섭리가 영원한 현재 속에 거하는 장소였다.

머리가 굴러 떨어진다. 저 계단이 있기에 머리는 요란하게 퉁기며 떨어진다. 수만 명의 사람들이 함성을 지른다. 한 생명이 하늘에 바쳐진 순간 응축되었던 세계는 함성과 함께 횡으로 종으로 확장된다. 테오티우아칸의 규모는 면적만으로는 헤아릴 수 없을 것이다. 저 피라미드의 넓은 토대가 높은 제단을 위한 것이듯, 수평감은 수직감으로 이어진다. 물론 테노치티틀란은 테오티우아칸과는 다른 모습을 하고 있었겠다. 하지만 스페인의 정복자들에게 내쫓겼을 때, 그 도시의 인간들 역시 땅만큼이나 하늘을 잃었을 것이다.

세 가지 약속

삼색기는 대개 가치나 건국이념을 상징한다. 멕시코의 국기는 바탕이 녹색, 흰색, 빨강색이다. 각각의 색깔은 모든 주의 독립, 종교, 통합을 의미하며 멕시코가 독립할 때 내세운 '세 가지 약속'을 담고 있다. 그리고 국기의 한복판에는 뱀을 물고 있는 독수리가 그려진 국가 문장이 새겨져 있다. 아스테카 시대에는 신께서 살아갈 터를 찾아 헤매던 이들에게 선인장이 무성한 호숫가에 정착하라고 계시를 내려주셨다고 한다. 어느 날 그들은 테스코코 호숫가에서 뱀을 문 독수리가 선인장 위에 앉아 있는 장면을 목격했고, 그곳에 터를 잡았다. 바로 테노치티틀란의 유래다.

하지만 멕시코 독립의 저 세 가지 약속은 아직 실현될 날을 기다리며 숙제로 남아 있는 듯하다. 저 약속을 역사의 순서대로 나열한다면 종교, 독립, 통합이 될 테고, 멕시코 사회는 통합이라는 약속을 남겨두고 있지 않을까. 과거 웅장한 제국이 무너진 자리에 식민의 역사가 이접되었다. 그 이음매는 쉽사리 지워지지 않는 상흔으로 남을 것이다. 무엇보다 인종 간의 갈등과 거기서 비롯되는 계층 문제로서 말이다.

멕시코는 라틴아메리카에서 선주민의 숫자가 가장 많은 나라다. 전체 인구의 3할로 과테말라보다 인구 비율은 낮지만 전체 인구가 더 많은 까닭이다. 2,500만 명의 선주민이 멕시코의 오늘을 살아가고 있다. 그 이유는 가령 아르헨티나와 비교하면 분명해진다. 아르헨티나는 유럽계 백인이 전체 인구의 98퍼센트에 달하는 백인 국가다. 아르헨티나에는 멕시코 고원지대나 안데스에 있던 아스테카나 잉카와 같은 제국이 존재하지 않았다. 아마존의 삼림과 팜파의 초원에는 상대적으로 방어력이 약한 소규모 공동체가 살고 있었고, 이들은 새로운 힘 앞에서 거의 절멸되다시피 했다. 하지만 멕시코에서는 제국은 무너졌어도 후예들은 살아남았다.

그러나 멕시코의 주인이 그들이라고 쉽게 말할 수는 없다. 그렇다고 스페인 식민자의 후손도 아니다. 멕시코는 혼혈의 나라다. 코르테스와 말린체의 결합이 상징하듯 멕시코인은 정복과 사랑, 폭력과 야망이 한데 뒤섞여 출현했다. 어머니 말린체는 피정복자고 예속된 인종이다. 아버지 코르테스는 강력한 권력의 소유자이나 부재하는 인물이다. 이들 사이에서 태어난 자식은 부모가 원치 않았던 사생아일지도 모른다. 옥타비오 파스는 멕시코인을 이렇게 불렀다. "백인 남자에게 능욕당한 원주민 여자의 후예들."

하지만 멕시코가 멕시코로 될 수 있었던 것은 그들 메스티소의 힘이라고 말하기도 힘들다. 멕시코 독립에 관한 복잡한 셈법은 그 점을 반영하는지도 모른다. 멕시코의 공식적인 독립 기념일은 1810년 9월 16일이다. 그날은 이달고 신부가 "스페인을 물리치고 빼앗긴 땅을 되찾자"는 '돌로레스 선언'을 발표한 날이다. 하지만 독립 투쟁은 실패로 돌아갔고, 이달고 신부는 체포되어 처형당했다.

멕시코에서 독립선언이 이뤄진 것은 이투르비데가 군대를 이끌고 멕시코시티에 입성한 1821년이며, 식민 종주국이었던 스페인으로부터 독립국가 '멕시코 합중국'으로 승인받은 것은 1824년이었다. 하지만 메스티소와 선주민은 크리오요와 함께 독립의 주인공 자리를 나눠 가져야 했다.

크리오요는 아메리카 태생의 백인을 말한다. 한편 스페인에서 태어난 백인은 페닌술라레스peninsulares라고 하는데, 이들 사이에는 뚜렷한 위계가 있어 페닌술라레스는 식민지에서 정부, 군대, 교회의 고위직을 독차지했다. 스페인은 식민 통치 기간 동안 170명의 부왕을 임명했는데, 이 중 166명이 페닌술라레스였고 네 명만이 크리오요였다. 또한 602명의 총독 가운데 크리오요 출신은 열네 명에 불과했다. 그래서 라틴아메리카의 지

미겔 이달고 코스티아는 돌로레스에서 사제가 된 후 농민들에게 스페인계 지주와 귀족정치에 저항할 것을 설교했다. 1810년 9월 15일 밤, 그는 교회종을 울려 마을 사람들을 모았다. 그는 농민들의 봉기를 촉구했으며, 그의 연설은 '돌로레스의 절규'라고 전해진다.

"주님의 자녀들이여, 오늘 우리에게는 새로운 섭리가 주어졌습니다. 받아들이시겠습니까. 스스로를 자유케 하시겠습니까. 증오해 마땅한 스페인 정복자가 여러분의 선조로부터 300년 전에 강탈해간 땅을 되찾겠습니까. 우리는 즉각 움직여야 합니다. 과달루페 성녀여, 영원하소서! 악한 정부에 죽음을! 정복자에게 죽음을!"

9월 16일 이른 아침, 그와 농민들은 무기를 들었다.

배층 부인들은 스페인에서 자식을 낳으려고 수개월의 고통을 참으며 그야말로 원정출산에 나서기도 했다.

멕시코 독립의 장본인은 애초 스페인군의 사령관으로 임명되었던 크리오요 출신의 이투르비데였다. 그는 변심하여 스페인을 배신하고 1821년 멕시코의 독립을 선언했다. 이투르비데는 메스티소와 선주민의 독립의 열망을 활용하고 크리오요와 손을 잡아 스페인의 지배로부터 벗어났다. 독립한 후에는 개인적 야욕을 드러내 멕시코 제국을 선포하고 황제에 즉위했다. 그리고 크리오요는 독립을 달성한 후에 농지개혁과 사회개혁에 반대하는 반동적인 기득권 세력이 되었다. 결국 이투르비데는 국민적 저항에 부딪혀 1824년에 총살되었지만, 백인 중심의 지배 권력은 온존했다. 나라는 독립을 얻었지만 버림받은 자들이 진정한 독립의 목소리를 드높이려면 판초 비야와 에밀리아노 사파타가 등장할 때까지 100년을 더 기다려야 했다.

판초 비야와 에밀리아노 사파타.
수백 년 동안 지속되어온 '에히도' 같은 토지 공유 생활양식은 멕시코의 문명화, 혁명화 혹은 식민화 과정에서 외면당했다. 19세기 진보의 관념은 전통과 상호부조에 기반하고 자연에 밀착된 삶의 방식을 무시했다. 억압된 것은 귀환해 옛것의 회귀를 부르짖는 또 다른 혁명으로 분출되었다.

라쿠카라차

멕시코는 몇 년에 독립했다고 해야 할까. 만약 이투르비데가 독립을 선언한 1821년을 독립한 해로 꼽는다면 1521년 코르테스에게 아스테카 제국이 무너진 이후 꼭 300년 만이다. 이달고 신부가 독립의 함성인 '돌로레스 선언'을 외치고, 과달라하라 시에서 정부를 수립하고 노예제도의 폐지, 선주민에 대한 세금 면제 등을 선포한 1810년을 독립한 해로 잡는다면 1910년의 혁명은 독립 후 꼭 100년 만의 혁명이 된다.

당시는 디아스 대통령의 장기 독재 아래 대지주, 은행가, 성직자, 외국기업인이 군부와 경찰력을 등에 업고 산업화를 추진하던 무렵이었다. 미국은 멕시코에 막대한 돈을 투자했고, 1910년 기준으로 멕시코의 국부 총액 21억 3,000만 달러 가운데 꼭 절반인 10억 6,000만 달러가 미국 자본의 소유였다. 하지만 미국 자본은 제조업에는 거의 유입되지 않고 광산업이나 환금작물에 집중되었다.

게다가 멕시코의 농장주들은 민족 부르주아지로 전환하지 않고 외국에 전통 작물을 수출하는 하수인 역할을 맡아서 농민은 외국 자본과 국내 지주로부터 이중으로 착취당했다. 1910년 기준으로 멕시코 전체 인구 가운데 77.4퍼센트가 농촌에 거주했는데, 이 중에 1퍼센트가 경작 가능한 토지의 85퍼센트를 차지했으며, 96.9퍼센트의 인구는 토지를 갖지 못했다. 1907년 미국 경제가 공황 상태에 빠졌다. 멕시코 경제의 파탄은 동조화에 따른 필연적 결과였다. 더구나 2년 뒤의 흉작으로 몇몇 주는 심각한 기근 상태에 놓였다. 이런 상황에서 디아스는 1910년 대통령선거에서 재집권에 나섰으며, 이에 반대하는 정치 세력이 들고일어나 혁명으로 번져갔다.

이때 혁명과 함께 퍼져나간 노래가 〈라쿠카라차〉다. 곡조는 15세기 말 이베리아반도에서 무어인들을 몰아낼 때 만들어진 스페인 민요에서 유래하는데, 멕시코로 전래되자 이번에는 독립을 향한 염원이 담기게 되었다. 민요인 만큼 버전도 여러 가지다. 가사는 농민들의 일상에서부터 연애, 정치에 이르기까지 다양하다.

〈라쿠카라차〉는 바퀴벌레라는 뜻인데, 이런 곡명이 붙여진 설도 분분하다. 바퀴벌레와 같은 농민의 비참한 생활을 비유적으로 표현했다는 해석도 있고, 또 바퀴벌레와도 같은 농민과 농민혁명군의 끈질긴 생명력을 비유했다는 주장도 있다. 그러나 농민혁명군 사령관인 판초 비야가 타고 다니던 자동차가 바퀴벌레를 닮아서 붙여졌다는 설이 정설 아닌 정설이라고 한다. 한국에 번안된 가사는 이렇다.

〈라쿠카라차〉라는 곡명이 생긴 한 가지 설은 멕시코 전통 의상인 판초를 걸치고 전통 모자인 솜브레로를 쓰고 무리 지어 가는 농민혁명군의 모습이 마치 떼 지어 가는 바퀴벌레를 닮아서라는 것이다.

병정들이 전진한다 이 마을 저 마을 지나/소꿉놀이 어린이들 뛰어와서 쳐다보며/싱글벙글 웃는 얼굴 병정들도 싱글벙글/빨래터의 아낙네도 우물가의 처녀도/라쿠카라차 라쿠카라차 아름다운 그 얼굴/라쿠카라차 라쿠카라차 희한하다 그 모습/라쿠카라차 라쿠카라차 달이 떠올라 오면/라쿠카라차 라쿠카라차 그립다 그 얼굴

하지만 이 밖에도 여러 버전이 있다. 그중에서 한 가지를 옮겨본다.

한 남자가 한 여인을 사랑하네/그러나 여인은 남자를 쳐다보지도 않네/마치 대머리가 길가에서 주운 쓸데없는 빗처럼/라쿠카라차 라쿠카라차

걸어서 여행하고 싶지 않네/가진 게 없기 때문이라네/오 정말 가진 게 없다네/피울 마리화나도 없다네/누군가 나를 미소 짓게 만들 사람/그는 바로 셔츠를 벗은 판초 비야라네/이미 카렌사의 군대는 도망가 버렸네/판초 비야의 군대가 오고 있기 때문이라네/라쿠카라차 라쿠카라차

사람들에게는 자동차가 필요하다네/여행을 가고 싶다면/사파타를 만나고 싶다면/사파타가 나타나는 집회에 가고 싶다면/라쿠카라차 라쿠카라차

그러나 100만 명의 목숨을 요구했던 혁명은 디아스를 권좌에서 끌어내릴 수는 있었지만, 농민들을 가난에서 구제하지는 못했다. 혁명의 열기가 가신 후 남겨진 것은 수도와 지방, 자유주의자와 보수파, 개발과 전통, 그리고 인종 사이에 가로놓인 깊은 분열과 통합이라는 거대한 과제였다. 그

리고 멕시코 사회는 오늘날에도 소위 4D의 위기—외채Debt, 마약Drugs, 개발Development, 민주주의Democracy의 위기를 짊어지고 있다. 아이들은 외국 은행에 수천 달러의 빚을 안고 태어나며, 마약 범죄를 비롯한 치안 문제, 개발 저편으로 슬럼화된 도시 문제, 주택과 교육 및 의료 문제, 그리고 민주적 관행의 취약성과 제도의 미비함을 끌어안고 있다.

멕시코시티에서의 연상들

그러나 이상은 어디까지나 읽고 들은 얘기지 이방인으로서 여행하는 동안 목격한 사실은 아니다. 다만 읽고 듣는 동안 그들이 짊어진 어떤 과제는 내가 살아가는 사회가 풀어야 할 과제와도 통한다는 생각 한편에, 인종 간의 폭력과 접합이라는 정신적 상흔을 간직하고 있을 그들은 역사 속 좌절을 어떻게 반추하고 또 헤쳐 나가고 있는지가 궁금해졌다. 하지만 이런 궁금증이야말로 이방인이라서 섣불리 내놓는 건지도 모른다.

차라리 여행길에서 마주친 소소한 경험들 쪽이 솔직하겠다. 그 경험들은 꼬리에 꼬리를 물고 매력적인 연상의 세계를 구축한다. 해석상의 오류가 있을지언정 그 매력은 온전히 나의 것이다. 그것은 공항에서 본 빨간 버튼으로 시작된다. 빨간 버튼을 눌러 불이 들어오면 짐 검사를 받는다. 재수가 없으면 짐을 다시 풀어야 한다. 전수조사를 하지 않으니 구멍도 있을 테지만, 묘하게 효율적이라는 인상이다.

추첨. 친구에게 들었다. 멕시코는 징병제를 실시하는데 공을 골라서 징집 대상인지 아닌지를 결정한단다. 빨간 공이 나오면 군대에 간다. 흰 공이 나오면 가지 않는다(들은 내용이라서 공 색깔은 정확하지 않다). 하지만 공은 거래할 수 있다. 즉 빨간 공을 가진 부자는 그 자리에서 누군가의 흰 공을 살 수 있다. 그때 거래되는 가격은 비공식적이지만, 대체로 대신 군대를 갔다 온 사람이 개인택시를 장만할 수 있을 정도라고 한다. '뭐야, 결국 부자들은 군대에 안 가는 거 아냐'라고 생각하다가도 기묘한 부의 재분배 방식이라는 생각도 든다.

택시. 달리고 있는 택시가 갑자기 덜컹거린다. 토페tope 때문이다. 찻길 위에 돌출되어 있다. 일종의 과속 방지턱이다. 다만 한국에서는 감속을 위한 것이지만 여기서는 횡단보도 역할도 대신한다. 사람들은 토페가 있는 곳에서 기다렸다가 자동차가 속도를 줄이면 잽싸게 길을 건넌다. 그 사이에 보행자와 운전자는 눈빛을 교환한다. 토페의 높이는 고르지 못해서 경우에 따라서는 놀이공원의 탈것처럼 택시 안에 앉은 나를 갑자기 허공에 띄우기도 한다. 하지만 머리 위에는 천장이 있다. 횡단보도가 따로 없으니 위험할 법도 한데, 투자 대비 운영비 절감 효과는 확실히 클 것 같다.

신호등. 물론 신호등은 있다. 교통 체증도 심하다. 빨간불이 들어와 자동차가 멈추면, 차도 위로 차와 사람들이 한데 섞인다. 어디선가 누군가가 불쑥 나와 걸레로 택시 앞 유리를 닦아준다. 운전사는 말이 없다. 빠른 손놀림으로 앞 유리를 닦고 나면 운전사는 차창 너머로 돈을 쥐어준다. 이번에는 껌과 풍선을 팔러 나왔다. 그 짧은 시간 동안 악기를 연주하거나 묘기를 선보이는 사람들도 있다. 이제 신호등이 바뀌면 도로 위는 다시 차들만 남고, 도로 위로 흘러넘친 그들의 세계는 썰물처럼 빠져나간다. 다음 빨간불까지.

교통수단. 멕시코시티에 체류한 것은 세 번째고 도합 두 달 가까이 지냈지만, 아직도 대중교통수단을 제대로 파악하지 못했다. 크게 나눠 버스, 택시, 지하철이 있는 것은 알겠는데 그 안에도 종류가 여러 가지인 데다가, 안내판을 봐도 어디로 가는지 좀처럼 파악하기가 어렵다. 하지만 타는 곳은 안다. 지하철 말고는 길옆에 서 있으면 거기에 차가 멈춰준다. 물론 마을 사람들은 소형 버스인 페세로가 주로 어디서 서는지 알고 있을 것이다. 혹여 밤늦은 시각이어서 봉고차처럼 생긴 콤비에 오르면 시끌벅적한 멕시코 뽕짝은 언제나 덤이다. 좌석은 중간에 발 뻗을 곳을 남기고 빙 둘러져 있어, 승객들은 어두운 조명 아래로 서로의 얼굴을 빤히 마주보게 된다. 천장이 낮아 서 있는 사람이 없도록 운전사는 자리가 비어 있을 때만 손님을 태우는데, 새로 승객이 들어오면 모든 좌석은 이어져 있기 때문에 사람들은 서로 부대끼면서 엉덩이를 조금씩 움직인다. 밤 인사를 한다. "부에나스 노체스." 차비는 보통 내리기 전에 내는데 옆 사람에게 돈을 건네면 운전사에게 옮기고 옮겨진다. 혹시라도 운전사 바로 뒷자리에 앉았다면 복잡한 거스름돈 계산을 맡아야 할지도 모른다. 밤공기를 가르는 콤비, 비좁지만 대신 인간의 밀도가 만들어내는 따뜻함이 있다.

지하철. 지하철 노선표 옆에는 상징물이 함께 있어서 지하철역의 이름이 어디서 유래했는지 상상할 수 있다. 아는 이름이 있다. 이달고HIDALGO

멕시코시티의 명물 비틀 택시. 도시 풍경의 아이콘이다. 현지인들은 '보초'라 부른다. 폴크스바겐은 "국민들이 탈 수 있는 자동차를 생산하라"는 아돌프 히틀러의 지시에 따라 1934년 생산이 시작된 이래 세계 20여 개국에서 제작되었으나, 대부분 생산이 중단되고 멕시코가 유일한 생산지였다. 주로 택시로 사용되었는데, 멕시코 당국이 문이 두 개 달린 택시를 없애기로 한 데다가 신차와의 경쟁에서 밀리면서 생산이 중단되었다.

역. 미겔 이달고Miguel Hidalgo 신부. 메스티소였던 그는 1810년 '돌로레스 선언'을 외쳤다. 게레로GUERRERO 역. 빈센테 게레로Vicente Guerrero. 흑인의 피가 섞인 혼혈아로 태어나 1810년 시작된 독립 전쟁에서 두각을 나타내어 혁명군의 지도자가 되었다. 후아레스JUAREZ 역. 베니토 후아레스Benito Pablo JUAREZ, 가난한 인디오의 아들로 태어나 1854년 아유트라 혁명에 참가하고 혁명 정부에 사법장관으로 취임해 성직자와 군인의 재판상의 특권을 폐지하는 '후아레스법'을 제정했다. 사파타ZAPATA 역. 에밀리아노 사파타, "토지와 자유"를 주장하며 모렐로스에서 혁명을 일으켰다. 지역 단위의 직접민주주의를 실시했으며, 1911년 경작자들을 위한 토지 분배의 내용을 담은 아얄라 강령을 발표했다. 덩달아 이런 지하철 안내 방송을 상상해본다. "이번 역은 전봉준 역입니다. 내리실 문은 왼쪽입니다. 디스 스탑 이즈 전봉준, 전봉준……." 서울에서는 너무 발칙한 상상일까.

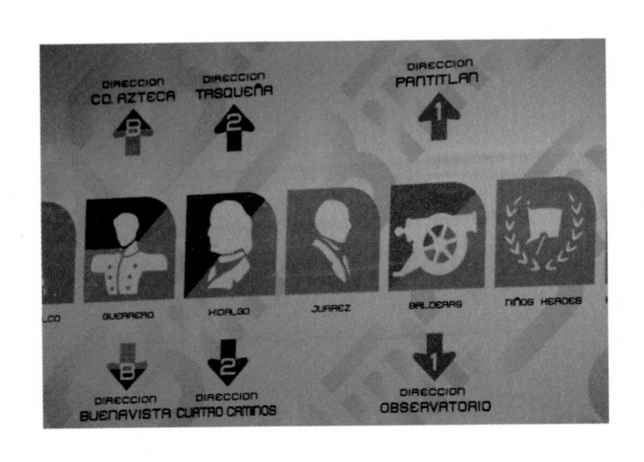

멕시코시티의 지하철 노선표. 여기서 혁명가들의 이름을 발견했다. 게레로 역, 이달고 역, 후아레스 역.

메트로부스. 그날따라 그랬는지 차내에서는 안내 방송이 나오지 않았다. 대신 음악소리가 끊이지 않았다. 한 명씩 연이어 사람들이 들어온다. 누군가는 구걸을 하고 누군가는 음반을 팔며 누군가는 연주를 한다. 모두 음악과 함께 등장했다. 하는 일은 달라도 그들 간에는 보이지 않는 질서가 있다. 한 사람이 옆 칸으로 사라지면 그제야 새로운 음악과 함께 다음 등장인물이 무대 위로 오른다. 때로 그들은 무대 위 주인공의 바로 그 표정을 짓고 있다.

거리. 메트로부스는 지하철처럼 생겼지만 지상을 달린다. 거리에는 벽화의 파노라마가 펼쳐진다. 들쭉날쭉한 게 한 사람의 솜씨가 아니다. 한 사람의 솜씨일 수도 없다. 남아나는 벽이 없을 만큼 거리의 벽은 벽화로 도배되어 있다. 기껏해야 하트 모양을 새기고 수줍은 고백을 남겨놓은 우리의 담벼락과는 다르다. 만약 내 앞에 그만한 크기의 담벼락이 있다면 어떻게 손대야 할지, 어디서부터 무엇을 그리기 시작할지 감도 오지 않을 것 같은데 거리의 벽화들은 벽면을 다 채우고도 그 정도 벽 크기로는 여전히 비좁다는 눈치였다. 티앙기스를 알기 전까지 내게 멕시코시티의 가장 큰 매력은 거리의 벽화였다.

과묵한 가이드

이제 연상은 멕시코시티를 벗어나 재작년에 방문했던 오악사카로 옮아간다. 오악사카는 멕시코 남부에 있는 주로서 치아파스 옆에 있다. 선주민의 인구 비율은 치아파스 다음으로 높다. '오악사카 북부 하이킹'이라는 프로그램이 있었다. 해발 2,000미터에서 3,000미터 높이에 있는 작은 마을들에서 묵으며 옆 마을로 옮겨 다니는 프로그램이었다.

사실 나는 선주민이라는 말을 어떻게 사용해야 할지 모르겠다. 내게 이 말은 현실 속에서 살아가는 사람들보다는 과거 속의 존재라는 어감이 강하기 때문이다. 또한 이 표현을 외부인인 내가 입에 담을 때면 그 울림에는 어떤 뒤집힌 인종적 순수주의마저 느껴진다. 선주민이라는 말의 복잡한 울림은 그 말이 아니고는 달리 표현할 길이 없다는 또 다른 상황의 복잡함과 포개져서 우선은 복잡함인 채로 남겨두는 수밖에 없다. 내가 묵었던 마을이 선주민들의 마을인지는 모른다. 다만 그들은 멕시코시티의 사람들보다 대체로 키가 작았고 피부색도 짙었다. 공기는 희박해 때로 두통이 찾아왔지만 정신은 맑았고, 더할 나위 없이 느긋한 시간을 보냈다.

옆 마을로 넘어갈 날이 왔다. 산을 넘어 옆 마을로 넘어가는 버스는 하루에 한 대뿐이다. 더구나 새벽에 떠난다. 버스 때문에 아침 시간의 느긋함을 뺏길 수는 없다. 가이드를 구해 산길로 가기로 했다. 그것이 프로그램에 참가한 이유기도 했다. 가이드는 십대 소년이었다. 보통 가이드라면 여행객에게 이것저것 소개해주기 마련 아닌가. 우리 가이드는 너무도 과묵해서 이름과 나이도 물어봐서야 가까스로 알 수 있었다. 대화는 좀처럼 이어지지 않았다. 하지만 축구는 나보다 잘할 것 같았다.

10킬로미터에 달하는 산길이어서 가이드가 혼자 돌아갈 길이 걱정되었

오악사카로 가는 길, 소가 길을 막다.

지만 그럴 필요는 없었다. 이런 식이었다. 우리가 출발한 마을에는 전화가 있다. 출발할 때 건넛마을에 전화를 하면 거기서도 가이드 한 명이 출발해 중간 지점에서 만나 우리를 인수인계한다. 물론 핸드폰이나 무전기는 없고, 설사 있다고 해도 그 산길에서는 터질 것 같지도 않았다. 따라서 일단 연락을 하고 나서는 어느 쪽이든 반드시 예정대로 움직여야 했다.

우리는 중간 지점에 도착했다. 전망 좋은 곳이었다. 예정보다 도착 시간이 일렀는지 건넛마을 가이드는 보이지 않았다. 한숨 길게 낮잠을 잤다. 여행지는 다니다가 그대로 누워 잘 곳을 찾기 쉬운 곳이 있고 그렇지 않은 곳도 있다. 길벗 만들기가 수월한 곳도 있고 그렇지 않은 곳도 있다. 그렇게 자다가 일어났는데도 건넛마을 가이드는 도착하지 않았다. 이제 슬슬 떠나야 해가 지기 전에 도착할 텐데. 우리 어린 가이드도 마음이 급했나 보다. 지금 돌아가야 저녁밥을 먹는다며 자신은 집으로 가겠다고 했다. 그렇다. 우리 가이드의 책임은 여기까지다. 나머지는 건넛마을 가이드의 몫이다. 우리의 선택지는 세 가지였다. 지금껏 온 길을 따라 어린 가이드와 함께 이전 마을로 다시 돌아가거나, 그 자리에서 새로운 가이드를 기다리거나, 알아서 건넛마을을 찾아가는 것이었다.

부푼 마음으로 길을 나섰는데 발걸음을 돌릴 수는 없었다. 가이드에게 건넛마을로 가는 게 어렵냐고 물으니 길만 따라가면 된다고 일러주었다. 결국 가이드와 헤어지고 용감하게 건넛마을을 향했다. 하지만 채 10분도 지나지 않아 길을 잃고 말았다. 어디가 길이고 길이 아닌지 분간할 수가 없었다. 그때 느꼈던 공포감이란. 첩첩산중 속에 졸지에 버려진 것이다.

짧은 순간이었지만 짐승에게 물려 죽거나 굶어 죽을지 모른다는 생각과 함께 죽기에는 그럴싸한 장소라는 생각이 들었다. 동시에 떠오른 생각은 아니었다. 두 번째 생각은 첫 번째 생각을 희석시키려고 그랬던 것임을 알고 있다. 과연 이 길을 누군가가 지나갈까. 그러려면 가이드의 안내를 받는 여행객이 있어야 할 텐데, 우리가 있던 마을에는 우리 말고 외국인 관광객이 없었다.

그렇게 길을 잃고 헤매는데 야생화가 가득한 들판이 나왔다. 다시 한번 적어본다. 야생화가 가득한 들판. 문자로 적어놓으면 별것 아니지만, 처음 접해본 그 아름다운 광경을 어떻게 묘사해야 할까. 과장을 조금 보탠다면 '이곳이 영원한 안식을 맞이할 장소라면……'이라는 느낌이었다. 그곳에서 한 아저씨를 만났다. 바로 건넛마을 가이드였다. 약속한 장소도 아닌 그 꽃밭에서. 꽃이라도 따고 계셨을까. 물론 원망보다는 반가움이 컸다. 하지만 그가 알아줄 리 없었다. 마찬가지로 건넛마을로 가는 동안 내내 과묵하신 분이셨다. '이봐요. 하마터면 죽을 뻔했다고요!'

다른 사회에 대한 애정

처녀 마리아에게 그리스도의 탄생을 알린 천사장 가브리엘은 세상을 창조하고 계신 하느님께 불만 가득한 목소리로 물었다. "왜 이곳에만 수많은 강과 호수, 기름진 땅, 더없이 좋은 기후, 풍부한 자연 자원을 주고 나

kenny

머지 지역에는 그것의 반도 주지 않으십니까?" 하느님께서 말씀하셨다. "가브리엘아, 너는 내가 이곳에 어떤 사람들을 살아가게 하는지 마저 보고 이야기하거라."

이것은 이 지역 사람들이 종종 자조를 섞어 즐기는 농담이라고 한다. 어느 책에서 읽었다. 하느님은 공평을 기하기 위해 상대적으로 좋은 자연조건을 갖춘 만큼 그 땅에는 '좋지 않은' 사람들을 살게 했다는 이야기다. 짓궂은 농담을 어쩌면 저리도 잘 지어낼까. 그것도 자신들을 향해서 말이다. 그 익살스러움에 웃다가도 한편으로는 궁금해진다. 이 '좋지 않은' 인간들에는 누가 속할까. 누가 이 농담을 즐기고 누가 이 농담에 자조를 담을까. 수백 년 혼혈의 역사 속에서 저런 농담을 주고받을 때 인종에 따라 어떤 반응의 차이가 있는 것일까. 그런 내용은 책에 적혀 있지 않으며, 나 같은 외부인은 알 수 없는 영역이다.

멕시코시티에 있는 동안 유학생들을 만날 기회가 있었다. 모두 박사과정에 있는 분들이었다. 그들이 모인 자리에서 이야기를 나눌 때 생긴 일이다. 그때 나는 멕시코시티에 약간 흥분해 있었다. 종잡을 수 없는 저 연상들은 내 안에서 하나의 문장으로 수렴되었다. "이곳은 내 기질에 맞다." 내 기질이 무엇인지는 잘 모르지만, 내 기질은 이런 장소를 원한다. 저 어수선함과 꽉 짜이지 않은 느낌, 그리고 틈새들은 위에서 내려다본다면 무질서이겠으나 옆에서 체험하면 자유로움이다.

하지만 "멕시코는 말이죠"라며 시작되는 내 말은 번번이 그들에게 제지당했다. 그것보다는 좀더 복잡한 맥락이 있다는 것이었다. 그들도 멕시코에 관해 이야기를 했다. 하지만 들떠 있는 여행객의 가벼운 소리는 그냥 넘기지 않았다. 생무지의 여행객에게 멕시코의 여러 면모에 관해 이야기를 들려주었지만, 여행객이 섣불리 멕시코 운운하면 그 시각을 바로잡아 주려 했다. 특히 일반화나 단정적인 표현에는 반발했다. 몇 차례 더 만나면서 알게 되었다. 그것은 멕시코 사회를 향한 애정이다.

베니토 후아레스 국제공항. 이제 비행기로 멕시코시티를 떠나는 일도 네 번째다. 이번에는 그간 드나들었던 공항의 이름이 어디에서 유래했는지 확실히 알게 되었다. 그리고 또 한 가지 눈치 챈 것이 있다. 출국 수속을 밟으려고 심사대로 들어가려는데, 여권과 항공권을 보여달라는 분이 휠체어에 앉아 있었다. 둘러보니 다른 쪽에 계신 분도 휠체어에 앉아서 일하고 있었다. 아마도 어떤 정책적 조치였던 모양이다. 생각해보면 문턱 같은 게 없으니 공항이야말로 거동이 불편해 휠체어에 의지해야 하는 사람들에게는 가장 쉽게 노동을 할 수 있는 장소일 것이다. 하지만 내가 비행기를 타고 돌아갈 나라에서는 좀처럼 상상하기 어려운 상황이었다. 공항은 외국인에게 보여주는 한국의 얼굴이라고 생각할 관료들에게 저런 조치를 기대하기는 힘들다.

물론 토페 생각도 났다. 휠체어 위의 그들은 횡단보도가 없는 멕시코시티의 도로를 어떻게 건널까. 하지만 그렇다고 저 조치에 대한 감명이 사그라지지는 않는다. 토페는 토페대로, 저 조치는 조치대로 멕시코시티의 여러 면모 가운데 일부를 이루고 있다. 많이 느끼되 섣불리 판단하지 않는 것. 모어 사회가 아닌 곳에 애정을 갖는 첫걸음인지도 모른다.

9

마음의 장소, 티앙기스와 코요아칸

마음의 장소

일상의 무게에 그리고 가쁜 호흡에 여행의 기억은 점차 바래간다. 먼저 여행지가 그 고유한 빛깔을 잃고 나중에는 여정의 줄거리를 잃는다. 그 망각은 여행하는 동안에도 예감할 수 있다. 그래서 훗날 회상하려고 그 장소를 사진으로 남긴다. 하지만 어떤 장소는, 가끔씩 어떤 장소는 사진 대신 마음에 남는다. 일상으로 돌아오고 나서도 그 장소의 편린은 감각의 밑바닥에 남아 있다. 그런 곳을 '마음의 장소'라고 불러보고 싶다.

시인 워즈워스는 '시간의 점'이라는 말을 생각해냈다. 알랭 드 보통의 『여행의 기술』에서 읽은 내용이다. 워즈워스는 알프스를 여행하는 중이었다. 그는 알프스를 접하자마자 그 광경들이 평생 잊히는 법 없이 자기 마음속을 떠다니며 행복감을 안기리라고 확신했다. 그 기억을 불러낼 때마다 자신의 영혼은 거기서 힘을 얻을 것이다. 그는 과연 시인답게 표현했다.

> 우리의 삶에는 시간의 점이 있다. / 이 선명하게 두드러지는 점에는 재생의 힘이 있어 / 이 힘으로 우리를 파고들어 / 우리가 높이 있을 땐 더 높이 오를 수 있게 하며 / 떨어졌을 때는 다시 일으켜 세운다.

워즈워스가 느낀 감정은 '숭고함'에 가까웠다. 숭고함은 종교와 신을 잉태하는 감정이다. 인간은 감당할 수 없는 자연의 규모와 절대적인 나이 앞에서 자신의 나약함과 초라함을 깨닫는다. 하지만 산을 일으켜 세우고 계곡을 깎아내려간 자연의 힘 앞에서 인간은 자신의 한계를 마주하지만 동시에 그 한계를 다독일 힘도 얻는다. 워즈워스는 알프스의 압도적인 높이, 봉우리의 만년설, 만년설 아래로 수천 년의 압력을 말해주는 지층의 균열을 보며 언어를 골라내기 어려운 그 위용 앞에서 차라리 행복감을 느꼈던 것이다. 그리고 그 광경을 '시간의 점'이라고 불렀다.

내게 '마음의 장소'라는 말 역시 특별한 의미가 있다기보다는 어떤 장소를 만나 어떻게든 그 장소에 이름을 붙여보고 싶었을 뿐이다. '마음의 장소'라는 말의 울림과 어울리는, 아니 그 표현을 처음 떠올리게 된 장소는 망고트리라는 레스토랑이었다. 하지만 망고트리에서 내가 느꼈던 감정은 숭고함과는 거리가 멀다. 훨씬 소박하고 변덕스러운 것이었다.

2004년 1월 인도의 뭄바이에서 세계사회포럼이 개최되었다. 거기에 참가하려고 일주일간 뭄바이에 머문 다음 며칠간 여행할 수 있는 시간이 생겼다. 망고트리를 만난 곳은 함피였다. 함피는 14세기에서 17세기 사이 남인도에서 번성한 힌두 왕조 비자야나가르 왕국의 수도였다. 유적 도시의 시간은 더디게 흐른다. 왕국은 사라졌어도 그 왕국이 남긴 잔영은 시간 속으로 스며든다. 그리고 망고트리는 유유히 흐르는 시간도 또 한 번 멈추고 가는 장소였다.

망고트리는 호텔들이 들어선 마을에서 조금 떨어진 곳에 있었다. 망고트리 레스토랑을 알고 나서부터 나는 매 끼니를 그곳에서 먹었다. 사실 호텔이나 레스토랑이라는 말은 그곳의 소박함을 제대로 전달하지 못한다.

그 말들은 그곳의 최소한의 기능만을 말해줄 뿐 다소 거추장스럽다. 아무튼 숙소를 나와 망고트리에 가려면 강가를 향해 걷다가 안에서 뭘 하는지가 뻔히 보이는 간이 화장실을 오른쪽에 두고 왼쪽 길로 꺾어야 한다. 어제도 만났던 잡상인들과 눈인사를 나누며 지나가다가 개들이 쓰레기 더미를 뒤지고 있는 곳이 나오면 그게 맞는 길이다. 좀더 걸어가면 망고나무와 바나나나무 숲이 나타난다. 그 너머에 망고트리가 있다.

망고트리는 따가운 햇살이 기운을 잃은 저녁에 가야 제 맛이다. 망고트리는 절벽 위에 있다. 저녁녘에 그곳에서 강물이 붉게 물들어가는 풍경을 바라보노라면 내 얼굴에도 어떤 표정이 번져간다. 그네가 있다. 그네에 앉아 망고 나뭇잎으로 싼 구운 바나나와 달걀 프라이를 꺼내 먹다 보면 저 아래로 해는 저물고 아낙은 유적 터에서 손빨래를 서두른다. 그네는 나를 한 번은 강 위로 데려가고 한 번은 땅 위로 데려온다. 그네를 결코 빨리 몰지 않는다.

하지만 나는 워즈워스의 알프스 체험만한 확신을 가지고 남들에게 망고트리를 소개하지는 못한다. 워즈워스가 알프스에서 느낀 숭고함과는 달리 망고트리에 대한 나의 정감은 무척 변덕스러운 것이었으리라. 아마도 그때까지의 여정과 망고트리를 알게 된 날의 날씨, 망고나무 숲을 지나던 길에 동행자와 주고받은 농담, 몸 상태와 주머니 사정 등이 모두 망고트리에 대한 정감 안에 섞여 있을 것이다. 남들에게 한번 가보라고 권할 수 있기는커녕 내가 다시 가본들 예전의 그 느낌이 아닐지도 모른다.

행여나 그때 감기라도 걸리고 한국에 남겨놓은 일거리들이 잔뜩 있고

인도의 망고트리 레스토랑에서 내려다 본 유적.

동행자와 싸움이라도 한 다음이었다면, 망고트리는 이랬을지 모른다. '음식은 딱히 맛있지도 않은 데다가 기름지고, 테이블에는 케첩들이 점점이 섬처럼 말라붙어 있다. 파리는 자꾸 날리고 테이블을 훔친 행주 탓인지 아까부터 코를 자극하는 값싼 광택제 냄새가 난다.' 하지만 다행히 망고트리의 시간은 아득하면서도 들뜬 기분으로 남아 있다. 그리고 그 기억은 식사라는 일상 행위 안에 스며들어 있어, 이따금 소박하면서도 기분 좋은 밥상을 대하면 그 기억이 떠오른다. 세상에는 얼마든지 더 근사한 레스토랑이

오악사카에서의 소박한 식단. 그날의 끼니는 사람은 아주 단순한 것에 행복해질 수 있다는 진부하고도 감동적인 사례였다.

있을 것이다. 하지만 내게 '마음의 장소'란 그런 비교가 무용한 곳, 그것으로 족한 곳이다.

티앙기스, 그곳에선 얼굴이 붉게 물든다

그리고 멕시코시티에는 티앙기스가 있다. 많은 여행서는 이렇게 권유한다. "떠나라! 일상에서는 맛볼 수 없는 꿈과 자유가 있을지니." 하지만 그저 이국적일 뿐이라면 외국의 장소는 일상의 감각에 뿌리내리지 못한다. 차라리 내게 '마음의 장소'는 여행에서 일상을 만나고, 일상에 여행의 숨결이 입혀지도록 이끄는 곳이다.

그래서 나는 멕시코시티에 오면 티앙기스를 기다린다. 티앙기스는 그렇다고 아무 때나 찾아갈 수 있는 장소가 아니기 때문이다. 티앙기스는 보통 일주일 간격으로 서는 장을 말한다. 그리고 내 티앙기스는 메트로폴리탄 자치대학 소치밀코 캠퍼스 근처에 있다. 이곳 티앙기스는 일요일에 선다. 어린 시절 〈만화동산〉을 기다리듯이 일요일은 나를 들뜨게 한다.

일요일이 되면 아침부터 천막이 세워지고 상점이 늘어서기 시작한다. 그 시간 나는 아침밥을 굶으며 티앙기스를 기다리다가 정오 무렵에 나선다. 정신줄을 놓을 때 입 벌어지는 나의 버릇은 티앙기스에선 더욱 심해진다. 인파에 떠밀려 앞으로 나아가다가 딱 봐도 불법 복제품인 DVD를 보면 '저걸 사둘까' 싶다가도, 금세 '이것은 또 무슨 고기인가' 싶어, '여기도 똥집을 파는구나' 싶어 기웃거리다가, '이런 자줏빛 양파는 색깔이 곱기도 하구나' 하면서 발걸음을 멈춘다. 디자인이 맘에 드는 짝퉁 티셔츠를 몸에 가져다 대본다. 생선 다듬는 아저씨 솜씨가 보통이 아니다. 그러다 작년에 넋 놓고 돌아다니던 나를 기억해주는 과일 가게 아저씨에게 10페소를 주고 바나나를 한 다발 산다. 부산하고 풍성하고 따뜻하다. 어머니가 함께 오셨다면 얼마나 좋아하셨을까. 언어의 제약을 무릅쓰고 여기서도 값을 깎으려 하셨을까. 그렇다면 아들이 먼저 나서야지.

아시아계 동양인이 동네 재래시장을 돌아다니노라면 나는 따뜻한 시선에 흠뻑 샤워를 한다. 상대는 웃음을 담아 묻는다. "치노?"(중국인) "노." 여전히 웃음을 담아 상대는 묻는다. "하포니스?"(일본인) 스무고개처럼 질질 끌려다가 내가 먼저 말해버린다. "노, 코레아노."(한국인) 그러면 또 묻는다. "델 노르테 오 델 수르."(북에서 왔느냐 남에서 왔느냐?) 용케 한반도가 두 나라로 갈라진 것을 알고 있다. 하지만 북한 사람들이 이곳에 오기가 좀처럼 힘들다는 사실은 모르는 모양이다. 아마도 멕시코인에게는 남한보다 북한이 더 많이 알려져 있을 것이다. 핵 문제 등으로 신문에도 자주 오르내리고, 멕시코인들이 미국을 향해 갖는 감정도 한몫할지 모른다. 반면 한국은 유명한 게 없다. 삼성이나 엘지는 일본 기업이라고 알고들 있다(외국 자본의 것이긴 하다). 물론 축구를 좋아하는 이들에게는 2002년 월드컵이라는 비장의 무기가 있기는 하지만, 일본이면 어떻고 한국이면 어떠랴. 북이면 어떻고 남이면 어떠랴. 그저 내게 보이는 관심일 뿐인 것을. "약간은 멕시코 출신이기도 해요"라고 말해주고 싶다. 티앙기스에 있으면

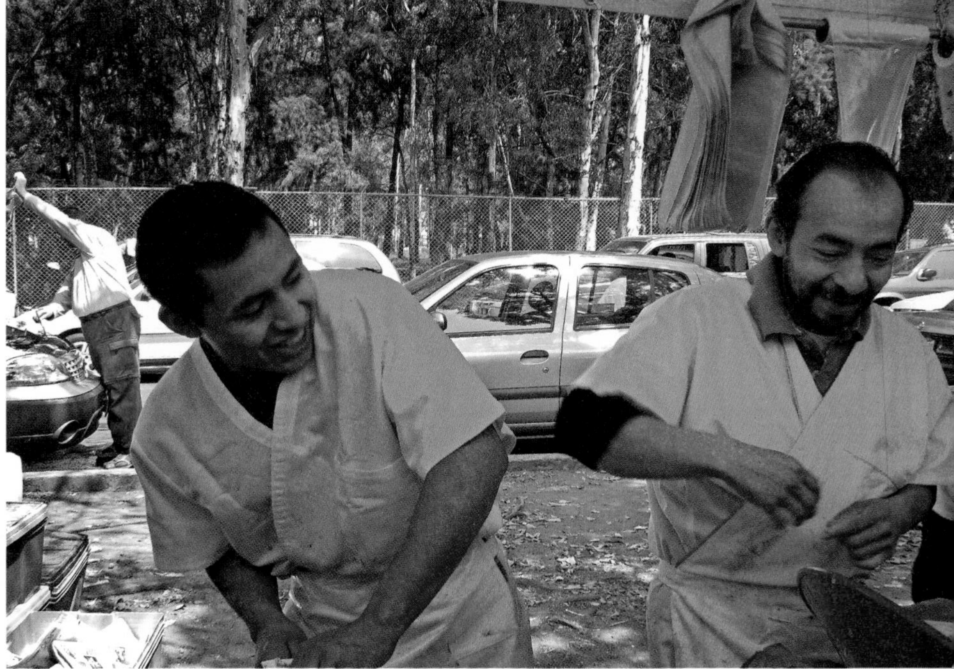

로사 멕시카노(붉은 계열의 색상)의 천막이 하늘을 가린 탓에 너나 할 것 없이 얼굴이 붉게 물든다. 맞는 악센트인지 모르지만 '띠앙기스(티앙기스)'라는 말을 꺼낼 때면 왠지 '띠'를 세게 발음하고 싶어진다. 그래야 제 맛이다.

코요아칸, 자전거를 갖고 싶은 곳

그 풍경 속에서 살고 싶다는 욕구를 느꼈다. 코요아칸. 이곳은 빛을 사랑한다. 햇살은 따갑고 나뭇잎은 반짝거린다. 집들은 다른 색깔로 저마다의 개성을 뽐내면서도 수수하다. 외국에서 만난 장소가 매력적이라고 느껴질 때, 낯설고 새로워서 그럴 수도 있지만 반가워서 그런 경우도 있다. 내 마음의 풍경을 여기서 간직하고 있어줬구나라는 고마움 섞인 반가움이다. 복잡한 전선줄이 하늘을 갈라놓고 바쁜 걸음에 퉁명스러운 표정들, 서울살이의 한 가지 모습. 이국적인 장소에서 느끼는 매력은 어쩌면 자신이 살던 곳에서 원했지만 얻지 못한 삶의 모습을 만나거나, 혹은 그 장소를 만나 갖고 싶은 생활의 윤곽이 좀더 뚜렷해지는 데 있는지도 모른다.

2년 만에 코요아칸을 다시 찾는다. 재작년 코요아칸의 공원에서는 아들로 보이는 꼬마를 데리고 나와 기타를 연주하던 히피 차림의 아주머니가 기억에 남아 있다. 그날의 햇살과 느긋함은 여전할까. 하지만 코요아칸을 가려던 토요일 아침, 날씨부터가 쌀쌀하고 찌뿌듯했다. 누가 멕시코를 따

코요아칸의 공원.

뜻한 나라라고 말하는가. 적어도 10월 우기 멕시코시티의 아침은 좀처럼 이불 바깥으로 나갈 용기가 생기지 않을 만큼 쌀쌀하다. 아침에 인터넷을 보니 연일 이어지던 경제위기 소식에 조만간 북한 관련 중대 보도가 있을 예정이라는 기사가 나왔다. 핵 문제 아니면 김정일의 건강 상태에 관한 보도일 거라고 예감했다. 마음이 덜컥했다.

코요아칸에 가서 그 마음을 달래고 싶었다. 하지만 코요아칸의 풍경은 2년 전과 사뭇 달랐다. 히피 아주머니가 계시던 공원에는 철조망이 둘러쳐져 있었다. 코요아칸의 티앙기스는 토요일에 선다. 으레 티앙기스가 열리면 인형이나 천, 그림을 파는 가판대가 늘어서고 관광객들이 붐벼서 활기가 돌아야 하지만 그날 토요일은 그렇지 않았다. 가판대에는 토속 공예품 대신 서명지가 놓여 있었다. 삐라를 한 장 받았다. 제목은 "코요아칸의 티앙기스를 방어하는 전선." 내용은 이랬다. "코요아칸의 티앙기스는 문화를 낳으며 이 나라의 서로 다른 인종 구성원들에게 생계를 위한 장소를 제공한다. 코요아칸의 티앙기스는 톨레랑스의 공간이다."

서명운동을 하는 분들의 말씀에 따르면, 시에서 단속을 나와 더 이상 노점 행위를 할 수 없게 되었다는 것이다. 또 한 장의 삐라를 보고 알았다. 코요아칸의 티앙기스에는 500개 이상의 일자리와 2,000명이 넘는 사람들의 생계가 달려 있다. 공원 근처에는 '코르테스의 집'이 있었다. 지금은 구청으로 사용하고 있는데, 그곳의 직원 분께 여쭤보니 코요아칸의 티앙기스는 마약 문제도 있고 쓰레기 처리 문제도 있어 민원이 잦았다고 한다. 지금은 정비 사업 중이라는 설명이었다. 서울에서도 벌어지는 일이니 민

"신성한 노동과 살아 있는 문화의 말라붙은 샘."

코요아칸의 한 카페.
워즈워스, "우리의 삶에는 시간의 점이 있다."

원의 정체라는 게 궁금했지만, 그 이상으로 알아낸 것은 없다. 아무튼 2년 전 풍경은 사라졌다.

코요아칸에 와서 스산한 마음이 더해졌다. 공원을 떠났다. 거리를 돌아다니다가 마음에 드는 카페를 발견했다. 다리를 꼬고 책을 읽고 있는 중년의 여성은 매력적이다. 햇살이 다시 들어온다. 그리고 느낀다. 이 공간이 내포한 삶을 가지고 싶다. 남들이 일상을 영위하는 곳이니 여행자의 바람처럼 혹은 알프스처럼 머물러 있어주지는 않을 것이다. 하지만 코요아칸의 저 문제까지를 포함해 이곳의 삶을 가지고 싶다. 그때는 자전거를 사야지. 날마다 저 노란 현관문에 열쇠를 꽂고 돌려야지. 종종 이 커피숍에도 들러야지.

파란 집

이곳의 삶을 가진 사람이 있다. 공원에서 몇 블록 떨어지지 않은 곳에 파란 집La Casa Azul이 있다. 벽도 지붕도 문도 코요아칸의 하늘색을 닮았다. 여기서 프리다 칼로가 살았다. 그녀는 1907년 7월 6일 코요아칸에서 태어났다. 하지만 그녀는 자기 생일이 1910년 7월 7일이라고 말한다. 1910년은 멕시코 혁명의 해다. 그녀는 혁명의 딸이었다. 그리고 아스테카의 달력에 따르면 7월 6일은 '죽음'의 날이지만, 7월 7일은 '사슴'의 날이었다. 그녀는 멕시코 문명의 딸이었다.

파란 집 2층에 올라가면 정원이 내려다보이는 프리다의 침실과 작업실이 있다. 작업실에는 스케치를 하다 만 그림, 작업 노트, 편지, 휠체어, 붓과 물감 등이 놓여 있고, 그녀의 침실에는 마르크스, 엥겔스, 레닌, 마오쩌둥의 사진과 그들의 책, 그리고 마야의 유물이 진열되어 있다. 그녀는 이곳에서 그림을 그렸다.

그리고 이곳에서 사랑을 했다. 1층 침실에는 누군가가 방금 외출에서

프리다와 디에고의 파란 집.

돌아온 것마냥 중절모가 하나 걸려 있다. 그 모자의 주인은 디에고 리베라다. 천재 벽화화가이자 열렬한 사회주의자. 여기에 호색한이었다는 평가를 덧붙여야 프리다에게 공평한 것일까. 푸른 벽 한구석에는 "프리다와 디에고가 이곳, 파란 집에서 1929년부터 함께 살다"라는 문구가 적혀 있다. 그 둘은 부부였다.

프리다는 스물한 살에 디에고 리베라를 만났다. 디에고는 당시 유럽 유학을 마치고 돌아와 멕시코의 공공건물에 대형 벽화를 그리고 있었다. 디에고는 이미 명성을 지닌 화가였으며, 두 번의 결혼 생활을 거쳤고, 프리다와는 그녀의 나이만큼 스물 한 살의 차이가 났다. 프리다는 아직 개화하지 않은 화가 지망생이었다. 디에고는 훗날 프리다와의 첫 만남을 이렇게 회상한다. "무희처럼 발랄하고 날렵하며, 장난기가 넘치면서도 진지하고, 절대적인 것을 향한 불길에 타오르던 비범한 소녀를 보았다."

둘의 결혼 생활은 순탄치 않았다. 먼저 프리다의 집안에서 둘의 결혼을

〈코요아칸의 프리다〉, 프리다, 1927년.

반대했다. 나이 차이가 많이 나는 데다가 디에고 리베라의 여성 편력이 제법 알려진 편이었기 때문이다. 하지만 프리다의 가족들은 그녀의 치료비 때문에 금전적으로 어려움을 겪고 있던 터라 결국 둘의 결혼을 승낙했다. 디에고는 거구였고, 프리다의 체구는 작았으며 디에고 옆에 서면 더욱 왜소해 보였다. 당시 사람들은 둘의 결혼을 '코끼리와 비둘기의 결합'이라고 불렀다. 세간의 눈에는 어울리지 않는 커플이었다.

만약 수컷 코끼리에게 짝을 옮겨 다니는 습성이 있다면, 이 비유는 더욱 적절했을 것이다. 디에고는 결혼한 후에도 줄곧 바람을 피웠다. 프리다의 막내 동생인 크리스티나와 깊은 관계를 갖기도 했는데, 이때 프리다는 디에고가 좋아하던 긴 머리를 잘랐다. 프리다는 나중에 자기 인생에는 "두 번의 심각한 사고가 있었다"고 말했는데, 하나는 그녀에게 평생 고통을 짊어지운 교통사고였으며, 다른 하나는 디에고와의 만남이었다.

파란 집의 벽에는 프리다와 디에고가 서로를 향해 남긴 말들이 새겨져 있다. 사랑의 속삭임과 혁명의 낱말이 어색하지 않게 공존한다. 그렇듯 자기만의 강렬한 색채를 지닌 두 사람의 일상의 풍경은 어떠했을까. 그림과 혁명의 열정을 공유한 두 사람은 서로에게 예술적 영감을 안겨주는 동반자였을까 아니면 그들의 생활도 어느 한구석은 비루하고 구질구질했을까. 그들은 사상 토론을 나누고 언쟁을 했을까. 딴 사람을 만나고 돌아온 디에고는 저녁 식사에서 전혀 내색하지 않았을까. 서로에게 상처를 입히면 그들은 그 감정을 그림에 담았을까. 감정의 골이 생겼을 때 그들은 현명하게 잘 극복하는 커플이었을까. 서로가 어떤 모습으로 있을 때 가장 매력을 느꼈을까. 나이 차이는 생활에 어떻게 반영되었으며, 서로의 독립성은 존중했을까.

프리다 칼로와 디에고 리베라에 관해서는 연구물이 많다. 마음만 먹으면 이런 궁금증들을 얼마간 해소할 수 있겠지만, 그들의 삶의 거처에 와보았으니 그 풍경만을 가지고서 상상해보고 싶었다.

프리다 칼로, 자화상 위에 그린 세계

나는 사랑이 열정과 행동을 공유하는 일이라고 생각한다. 그런 사랑은 아늑하지만 아울러 긴장감도 배어 있다. 누군가와 이어져 있다는 것은 자아의 확장이겠으나 그 부대낌은 폭력이기도 하다. 무엇보다 생활의 무게는 서로가 공유한 열정, 서로를 향한 애정을 침식하기도 한다.

프리다에게 생활의 무게는 더욱 벅찰 수밖에 없었다. 거기에는 그녀의 육체에 남겨진 상흔의 무게도 더해진다. 프리다는 열여덟 살에 심각한 교통사고를 당했다. 버스와 전차가 충돌했고 그 파편이 그녀의 배를 관통하여 척추를 뚫었다. 그녀는 기적적으로 살아났지만 스무 살로 접어들던 무렵, 사고는 그녀의 행복과 함께 그녀의 자궁을 찢어놓았다. 그녀는 아이를 가질 수 없었고 이것이 그들의 부부 생활에 그림자를 드리웠을 것이다. 무엇보다 프리다 자신이 아이를 간절히 원했지만 여러 차례 유산했다. 그녀는 그 상처를 화폭에 담기도 했다. 뿐만 아니라 여섯 살 때 척수성 소아마

〈멕시코와 미국의 국경에 있는 자화상〉, 1932년.
디에고 리베라는 디트로이트를 방문한 뒤 산업화된 미국의 모습을 찬미했다. 프리다는 그런 디에고에게 실망을 느껴 멕시코 토착 문화에 대한 애정을 담아 이 작품을 그렸다. 오른쪽에는 공장 굴뚝에서 연기가 뿜어져 나오는 산업화된 그리고 삭막한 미국의 풍경이, 왼쪽에는 피라미드와 그 아래 흩어져 있는 석상들과 땅에 뿌리를 내린 다양한 꽃이 피어난 멕시코가 묘사되어 있다. 그녀의 손에는 멕시코 국기가 들려 있고 그녀의 시선은 멕시코를 향한다. 담배 또한 멕시코를 그리워하는 촉매제로 기능한다. 피라미드 위로 해와 달이 떠 있고, 그것은 낮과 밤의 투쟁과 조화, 하늘과 땅의 결합을 보여준다.

〈우주, 지구(멕시코), 나, 디에고, 숄로틀이 어우러진 사랑의 포옹〉, 1949년.
멕시코는 프리다를 낳고 프리다는 멕시코를 그렸다. 해와 달, 하늘과 땅이 음양의 포옹을 나눈다. 이 우주의 조화 속에서 프리다는 어머니 대지 멕시코 안에서 그 자신이 어머니처럼 디에고를 감싸안는다. 대지의 한쪽 팔에 숄로틀이 잠자고 있다. 숄로틀은 죽음을 피해 도망다니는 신화적 동물이지만, 거대한 사랑의 포옹 속에서 숄로틀도 달콤한 잠에 빠진다.

비로 오른쪽 다리가 제대로 발달하지 못했으며, 결국 성인이 된 후에는 다리를 잘라내야 했다. 그녀는 평생 서른두 번의 수술을 견뎌내야 했으며 특수 제작된 코르셋을 착용해야 몸을 지탱할 수 있었다.

2층 그녀의 침실에는 천장에 거울이 달린 침대가 있다. 그녀의 작품이 대개 자화상 형식을 취하는 것은 그녀가 자유롭게 거동할 수 없었던 까닭이다. 하지만 그녀의 자화상은 자화상에만 머물지 않았다. 혹은 그녀는 자화상의 의미를 바꿔놓았다. 내가 사랑하는 일본의 사상가 다케우치 요시미는 『루쉰』이라는 저작에서 루쉰을 두고 이렇게 말했다. "절망에 절망한 자는 문학가가 되는 수밖에 없다. 누구에게도 의지하지 못하고 누구도 자신을 지탱해주지 않기에 전체를 제 것으로 해야만 한다." 바깥에서 희망을 찾기 어려운 중국의 조건에서 루쉰이 기존의 어떤 사상이나 정치적 입장에 의존하지 않은 채 감내해야 했던 고투를 기록한 말이다. 프리다도 그와 닮은 영혼을 가졌는지 모른다. 그녀는 자신의 얼굴을 응시하며 자기 내면의 밑바닥에 있는 편린들을 건져내 작품으로 삼았다. 문학가든 화가든 '작품 세계'라는 말이 어울리는 작가들은 단지 많은 작품을 남겼을 뿐만 아니라, 그 말에 값할 만큼 자기 응시를 거듭하고 내면의 고독을 곱씹었던 자들이리라.

그리하여 그녀의 자화상 속에서는 하나의 세계가 구축된다. 그녀는 단지 거울에 비친 자신을 그리는 화가가 아니었다. 자화상 속 그녀의 표정에는 날것의 감정들이 자기 응시의 힘으로 여과되어 드러난다. 고통과 분노, 인내, 소망, 사랑은 말로서는 분절되지만 그녀의 표정 속에서는 함축적으로 함께 머문다. 한편 자화상 속 그녀의 몸은 입기도 벗기도 하고, 다치기도 하고 장식이 되기도 한다. 얼굴에 깃든 표정은 자아를 주장하지만, 몸은 바깥에 노출된 채 수동적이다. 하지만 몸은 얼굴에 깃드는 표정을 낳는다. 그녀는 자화상에 세계를 담았고, 그녀의 몸은 그렇게 하나의 세계였다.

하지만 나는 이를 두고, 가령 삶의 고통을 감내해야 하는 상황에서 불타는 예술혼으로 육체와 영혼의 파멸을 딛고 일어나 그림을 자기 존재의 이유로 삼았다는 식으로 묘사하고 싶지는 않다. 어떤 인간이 일상을 보낸 장소를 엿본 다음에야 그런 수사는 좀처럼 떠오르지 않는다. 생활과 그 생활의 무게를 짊어지고 그 생활 속에서 피어난 것의 관계는 단절이거나 비약일 수 없다. 차라리 생활의 버거움은 그녀의 예술을 낳기 위한 가혹한 조건이 되어주지 않았을까. 예술은 일상 속에서 자신을 골라낸다. 허약한 꽃은 피어나지 못할 테며 질긴 꽃은 긴 생명을 얻으리라.

그녀는 1954년 7월 13일에 자살했다. 죽기 전날 일기장에 이런 말을 남겼다. "이 외출이 행복하기를. 그리고 다시 돌아오지 않기를."

트로츠키, 삶의 마지막 장소

프리다 칼로의 화폭에는 트로츠키의 초상화가 그리다 만 상태로 남겨져 있다. 러시아혁명의 이 위대하고 불행한 혁명가를 그녀는 마주하고 있었던 것이다. 그 둘은 어떻게 만나게 되었을까.

트로츠키 생애의 마지막 시기는 추방과 망명의 연속이었다. 그는 1929년 2월 소련에서 추방된 이래 이스탄불에서 4년, 프랑스에서 2년, 노르웨이에서 2년을 보냈다. 그리고 1937년 1월 당시 멕시코 대통령 라자로 카르데나스가 발급한 비자로 노르웨이를 떠나 이곳 코요아칸에 왔다. 이 이국 땅이 트로츠키의 마지막 거처였다. 그리고 프리다와 디에고 부부는 망명 온 트로츠키 부부에게 자기 집 한켠을 내주었다.

트로츠키가 코요아칸에서 망명하는 동안 그의 가족과 동지들은 한 명

씩 스탈린의 손에 목숨을 잃고 있었다. 멕시코에 도착한 1937년 1월, 모스크바에서 열린 조작 재판에서 둘째 아들 세르게이와 조카가 체포되어 처형당했다. 2월, 첫째 아들 세도바가 파리에서 트로츠키주의자로 위장한 스탈린의 첩자에 의해 독살당하고, 형 알렉산더 브론스타인은 모스크바에서 처형당했다. 이듬해 3월, 다시 조작 재판이 열려 혁명의 동지 부하린, 류코프, 야고다가 처형당하고, 보르쿠타의 정치범 강제수용소에 유형되어 있던 트로츠키주의자 수천 명이 집단 학살당했다.

'그럼에도 불구하고'라는 접속어를 택해야 할까. 이 시기 트로츠키는 잠시 프리다 칼로와 깊은 관계를 가졌다. 프리다는 자신의 이데올로기적 영웅과 연애를 즐겼으며, 노老정객을 당혹스럽게 만드는 애정고백적인 자화상을 선물하기도 했다. 둘의 관계가 장난기와 바람기가 섞인 것이었는지, 아니면 묵직한 혁명의 토론을 주고받던 사이였는지는 알지 못한다.

러시아혁명 당시 고위 정치 지도자들. 사형, 실종, 암살 등으로 모두 사라지고 스탈린만이 남았다.

하지만 결국 디에고가 그 사실을 알게 되자 트로츠키는 1939년 그 집에서 나와 비에나로 거처를 옮겨야 했다.

아마 프리다와 나눈 것이 사랑이었다면, 그것은 트로츠키 생애의 마지막 애정 행각이었으리라. 프리다와 디에고 부부 집에서 나온 이듬해 트로츠키는 살해당한다. 트로츠키의 집에 가보면 벽에 구멍들이 보인다. 1940년 5월 24일 스탈린의 비밀경찰GPU이 트로츠키 부부가 잠자고 있던 침실에 200발이 넘는 기관총 세례를 퍼부었다. 다행히 트로츠키 부부는 구석진 곳으로 몸을 피해 목숨을 건졌다. 하지만 석 달 후인 8월 20일 자객 라몬 메르카데르가 밤중에 집으로 잠입해 서재에 있던 트로츠키의 머리를 등산용 도끼로 내리찍었고 이튿날 트로츠키는 사망했다. "머리를 짓뭉개 죽이라"는 스탈린의 지령에 충실한 결과였다.

트로츠키는 즉사하지 않았다. 그는 의식을 잃지 않고 암살자를 향해 총을 발사하는 경비원들을 제지했다. 배후를 알아내려면 암살자를 살려둬야 한다고 소리쳤다. 하지만 다음 날 뇌 손상으로 사망했다. 사실 그는 암살을 예감하고 있었을 테며, 자신이 죽는다면 누구의 지령인지도 알고 있었을 것이다. 트로츠키의 책상에는 『스탈린의 생애』 불어판이 놓여 있다. 그는 죽기 전까지 이 작업에 매달리고 있었다. 트로츠키의 저작은 사후에 복수하고 있는지도 모른다.

프리다 칼로는 유언을 남길 수 있었지만, 갑자기 살해당한 트로츠키는 그럴 수가 없었다. 그래서 트로츠키의 경우에는 그해 그가 써둔 일기가 유언장으로 알려져 있다.

의식을 깨우친 이래 43년의 생애를 나는 혁명가로 살아왔다. 특히 그중 42년 동안은 마르크스주의의 기치 아래 투쟁해왔다. 다시 새롭게 시작할 수만 있다면 이러저러한 실수들을 범하지 않으려고 노력할 테지만, 인생의 큰 줄기는 바뀌지 않을 것이다. 나는 프롤레타리아 혁명가요, 마르크스주의자며, 변증법적 유물론자다. 결국 나는 화해할 수 없는 무신론자로 죽을 것이다. 인류의 공산주의적 미래에 대한 내 신념은 조금도 식지 않았으며 오히려 지금은 내 젊은 시절보다 더욱 확고해졌다.

방금 전 나타샤가 마당을 가로질러 와 창문을 활짝 열어주어 공기가 훨씬 자유롭게 내 방 안으로 들어온다. 벽 아래로 빛나는 연초록 잔디밭과 벽 위로는 투명하게 푸른 하늘, 그리고 모든 것을 비추는 햇살이 보인다.

인생은 아름답도다!

훗날의 세대들이 모든 악과 억압과 폭력에서 벗어나 삶을 마음껏 향유하기를!

1940년 2월 27일

멕시코 코요아칸에서, 레온 트로츠키

트로츠키의 집에 걸려 있는 여러 사진 가운데 한 장이 눈에 띄었다. 사진 속에서 트로츠키와 레닌은 체스를 두고 있고 레닌은 하품을 하고 있다. 인간은 영적인 피조물일 뿐만 아니라 사랑에 빠지고 하품하는 존재다. 스탈린의 압제에 맞서 제4인터내셔널을 창설한 위대한 정신은 이곳에서 한 여성과 사랑에 빠졌다. 그 두 가지 사실은 모순이 아니며 흠도 아니다. 코요아칸에서 트로츠키가 봤던 그 푸른 하늘을 본다면, 그것을 알 수 있지 않을까.

디에고 리베라, 벽화와 역사

하지만 이런 줄거리는 배경으로 밀려난 한 남자에게 공평치 않을지도 모른다. 바로 디에고 리베라다. 파란 집에서 디에고는 프리다 칼로의 마음의 풍경을 헤아릴 때 하나의 진입로처럼 여겨졌다. 팔라시오 나쇼날에 가보고 나서야 그의 존재감을 강렬하게 느낄 수 있었다.

북페어가 열린다는 말에 소칼로에 나갔다. 광장에 진열된 수많은 책들은 의미의 천국이었지만 까막눈인 내게는 거대한 안타까움이었다. 68혁명 40주년이 되는 해라서 그와 관련된 특집 부스가 마련되어 있었다. 그것은 알 수 있었다. 읽지 못할 책이지만, 괜히 꺼내서 만지작거리며 종이 촉감도 느껴보고 책 냄새도 맡아보았다. 맘에 드는 화보집과 사진첩이 있었지만 무거워서 가져갈 엄두가 나지 않았다. 옥타비오 파스라는 이름은 들어본 적이 있으니 사둘까 싶었지만, 그의 어떤 저작이 한국에 아직 번역되어 있지 않은지를 몰랐다. 그래서 결국 연구실과 알고 있는 출판사에 선물할 생각으로 사파티스타와 그들의 공동체 모습이 그려진 달력과 그림 두 점을 샀다(신기하게도 반년 지나 한국에서 만난 한 멕시코의 페미니스트 활동가로부터 같은 그림을 선물 받았다). 소칼로에 나온 것이 북페어 때문만은

1968년 멕시코에서는 올림픽이 개최되었다. 그리고 68혁명도 발생했다. 기념비는 그해 10월 2일 틀라텔로코에서 학살당한 사람들을 추도하고 있다. 비문에는 로사리오 카스테야노스의 시 「틀라텔로코의 기억」이 새겨져 있다.

"누구니? 누구들이었어?
아무도 아니었어
다음 날 아무도 없었네
그 광장에는 동이 터 올랐다
더럽혀진 채
신문들은 첫 면을 기상예보로 채웠고
텔레비전, 라디오, 영화의 프로그램은 아무것도 바뀌지 않았다
어떤 보도도 흘러나오지 않았고
떠들썩한 분위기 속에서 단 1분 동안의 묵념도 없었다
그렇게 잔치는 계속되었다"

아니었다. 팔라시오 나쇼날로 발걸음을 옮겼다.

팔라시오 나쇼날의 벽화에 관해서는 전부터 듣고 있었다. 벽화의 규모나, 특히 멕시코의 과거 문명과 독립 투쟁이 벽화에 묘사되어 있다는 말에 그런 벽화가 한국의 청와대나 국회의사당에 그려질 수 있을까라며 막연한 동경을 품은 적이 있다. 하지만 그 벽화가 디에고 리베라의 작품이라는 사실은 모르고 있었다. 재작년 우남UNAM 대학교 도서관 외벽에 선인장처럼 건강하고 높게 솟구친 벽화를 본 적이 있었는데, 그때도 디에고 리베라라는 존재는 의식하지 못했다.

하지만 이번에는 그의 작품이라는 사실을 알고 팔라시오 나쇼날을 찾았다. 그럼에도 벽화에 담긴 인물 군상이 도무지 누가 누구인지 분간할 수 없어서 보고 있어도 보고 있는 게 아니었다. 벽화에는 역사적 인물들이 빼곡하게 새겨져 있지만, 멕시코 역사의 내력을 모르는 내게 그 벽화의 입체감이 잡힐 리 없었다. 어디를 응시해야 할까. 아는 만큼 보인다는 소박한 진실을 확인했다.

벽화는 세 면으로 구성되어 있다. 오른쪽 선주민의 패널에는 피라미드 정상에 황제가 앉아 있고, 그 위로 뒤집힌 태양이 떠 있다. 가운데 벽에는 스페인의 침략과 멕시코의 독립, 그리고 혼혈의 역사가 묘사되어 있다. 왼쪽에는 낫과 망치가 가톨릭교회의 십자가와 선주민의 태양을 대신해 역사의 정점을 알리고 있다. 가이드의 차분한 설명을 따라가자 뭉뚱그려 있던 벽화는 한 부분씩 돌출되어 나왔으며, 구체적인 역사적 장면과 함께 그간의 여행길에서 마음에 남아 있던 인물들이 눈앞으로 한 명씩 등장했다.

디에고는 이렇게 말했다. "예술은 햄과 같다. 민중을 살찌우니까." 디에고에게 벽화는 문맹률이 높은 멕시코 민중에게 가장 쉽게 멕시코의 역사를 전달할 수 있는 교육 수단이었다. 그는 죽기 전까지 116점의 벽화에 멕시코의 역사를 담았다. 그는 벽화 작업에 나서기 전에 유럽 유학을 다녀왔고, 그의 벽화는 비잔틴 모자이크와 르네상스 프레스코화에 기초를 두고 있다는 평가를 받는다. 하지만 벽화를 미술의 한 가지 장르로 한정하지 않는다면, 내게 디에고의 벽화는 차라리 거리에서 쉽게 만날 수 있는 벽화에서 연원하는 듯이 보였다.

벽화는 거리로 나온 그림이다. 그림이 거리로 나와야 하는 까닭은 캠퍼스가 없어서일 수도 있고, 사람들의 눈에 쉽게 밟히는 장소에 있어야 그 그림이 진정한 의미를 가지기 때문일 수도 있다. 벽은 원래 단절이다. 이곳으로 넘어올 수 없다는 공간적인 금을 뜻한다. 하지만 벽화는 벽들에 들러붙어 스멀스멀 그 경계를 넘어서려고 한다. 거리의 벽화들은 디에고의 것과 같은 규모와 체계를 갖추지는 못했지만, 저마다 소소한 역사를 수놓고 있었다.

디에고는 열렬한 공산주의자였다. 그리고 프리다 역시 공산당에 입당한 적이 있다. 그들의 작품 중 극히 일부만을 엿보았을 뿐이지만, 그들이 파란 집에서 혁명을 두고 어떤 대화를 나누었을지 조금은 짐작이 갔다. 아마도 그들에게 혁명이란 도식이 아니며, 미래에 있을 어떤 사회상도 아니었을 것이다. 그들은 그림에 원시적인, 그래서 민중적인 영감과 색감을 담았다. 그들에게 혁명은 현실을 극복하지만 동시에 잃어버린 과거를 되찾

디에고 리베라가 그린 팔라시오 나쇼날의 벽화.

프리다의 그림을 자세히 들여다보게 된다. 눈동자는 물감 덩어리를 이겨 발랐을 뿐인데 슬픔과 행복이 함께 어우러져 무언가 긴 이야기가 걸어 나온다. 강렬한데도 고요하다. 반면 디에고의 벽화는 그 규모가 역사의 무거움을 말해주는 듯 마주친 순간에는 다가가서 자세히 살필 엄두가 나지 않았다. 나를 감싸 안으며 압도하는 벽화에 발길이 얼어붙었다. 디에고라는 인간의 의지와 그 벽화 안에 묘사된 인간들의 삶이 응축된 현장에 맞닥뜨린 느낌이었다. 자세히 살펴보기까지는 시간이 제법 필요했다.

목테수마 황제 위로 뒤집힌 태양은
아스테카의 종말을 알리고 있다.

코르테스와 말린체.
마야 문서가 불타고 있다.

라스카사스. 인디오를 안고서
십자가로 정복자를 막고 있다.

이투르비데. 멕시코를 스페인으로부터
독립시켰으나 그 스스로가 황제에 올랐다.

사파타. 그가 들고 있는 천에는
“토지와 자유”라고 적혀 있다.

모렐로스. 멕시코 남부의
독립운동을 이끌었다.

베니토 후아레스. 대통령이었던 그가
개혁 법안을 들고 있다.

마르크스. 『공산당 선언』을 들고 있다.

는 시도였을 것이다.

하지만 상실감만으로는, 회고조의 정서만을 가지고서는 혁명을 낳지 못한다. 혁명은 과거와 현재를, 이질적인 것들을 결합시켜 새것을 낳는다. 디에고의 벽화에서 현대성은 원시성과 만나고, 프리다의 자화상에서 정상성은 광기와 만난다. 그들의 혁명은 변덕스럽지만 성기며, 고통과 사랑과 다툼과 다정함이 거기에 한데 머문다. 그리하여 그들의 생활은 생활인 채로도 혁명을 머금고 있었을 것이다.

디에고는 프리다가 세상을 떠난 지 3년 만에 죽었다. 프리다의 죽음은 그에게 치유할 수 없는 상처를 남겼다. 디에고는 한 줌 재로써나마 프리다와 영원히 결합하기 위해 화장해달라는 유언을 남겼지만, 멕시코 현대미술에 1,000여 점의 걸작을 남긴 공로로 시민공원의 묘역에 안장되었다.

프리다(왼쪽)와 디에고.
옥타비오 파스, "정복자가 피정복민들에게 자신의 세계관을 강요할 때 강요된 종교적·정치적 개념을 피정복자들이 진실로 자기 것으로 만들 때까지 정복국가의 문화는 피정복민의 문화 위에 이질적으로 포개져 있을 따름이다. 세계에 대한 새로운 비전이 대중이 공유하는 믿음과 언어로 바뀌지 않는 한 사회가 자신을 인식할 수 있는 예술이나 시는 탄생하지 않는다."

파블로 네루다, 죽음의 장소

죽음. 프리다와 디에고, 트로츠키는 모두 코요아칸에서 숨을 거뒀다. 하지만 내게 코요아칸은 생의 이미지로 충실하지 그다지 죽음을 떠올릴 만한 공간은 아니었다. 죽음이 삶의 일부라고 할지라도 말이다. 아직 가보지는 못했지만, 죽음의 장소라는 말에는 차라리 이슬라 네그라라는 곳이 떠오른다. 그곳은 칠레에 있다.

칠레의 시인 파블로 네루다는 두 종류의 시를 썼다. 하나는 군중이 운집한 가운데서 낭송하기 위한 혁명의 시. 다른 하나는 연인에게 속삭이기 위한 사랑의 시. 그는 시를 쓰는 공산당원이었으며, 1969년에는 칠레공산당의 대통령 후보가 되기도 했다. 하지만 선거에서는 좌파 후보가 단일화하여, 네루다의 사상적 동반자이자 절친한 친구였던 아옌데가 당선되었다. 칠레에는 아주 짧게나마 선거를 통한 세계 최초의 사회주의 정권이 등

파블로 네루다, "고통보다 넓은 공간은 없고/피 흘리는 그 고통에 견줄 만한 우주는 없다."—「점」點 중에서

장했다.

칠레의 민중들은 네루다의 혁명 시를 사랑했다. 하지만 민중들은 그의 사랑 시를 더 보고 싶어했다고 한다. 네루다는 시작詩作에 몰두하기 위해 1939년부터 이슬라 네그라라는 한적한 바닷가 마을에서 터를 잡았다. 당시에는 네루다 말고 한 집밖에 살고 있지 않았으니 그곳이 마을이 된 것은 네루다 때문이겠다. 그는 정치 활동과 해외에 나갈 일 때문에 자주 이곳을 비워뒀지만, 좌파 정부가 세워지고 나서 1972년에는 고즈넉한 말년을 보내고자 여기로 돌아왔다. 그는 파도에 실려 떠내려 오는 나무를 보며 부인 마틸데에게 이렇게 말한 적이 있다. "여보, 저기 내 책상이 오고 있소." 그는 그 나무를 깎아 책상을 만들어서 서재로 통하는 별채 복도에 두고 거기서 바닷바람을 맞으며 시를 썼다. 내게는 생을 정리하는 장소가 바다이길 바라게 된 일화 가운데 하나다.

하지만 네루다는 평온하게 죽지 못했다. 1973년 9월 11일 칠레에서 군부 쿠데타가 일어나 대통령 관저인 모네나 궁에는 폭격이 가해졌으며, 홀로 모네나 궁을 사수하던 아옌데 대통령은 그 자리에서 전사했다. 이날 네루다는 자신의 죽음을 예감했는지도 모른다. 조국의 군인들에 의해 평생의 꿈이 짓밟혀 더 이상 삶을 부여잡을 기력을 잃고 말았다. 지병이 있던 그는 몸 상태가 빠르게 악화되었다.

아옌데가 무너졌으니 다음은 살아 있는 민중의 벗, 네루다 차례였다. 무장한 군인들이 이슬라 네그라에 있는 네루다의 집에 가택수색을 하러 왔다. 자신의 침실로 들어온 장교에게 네루다가 말한다. "이 방에서 당신들에게 위험한 것이라곤 단 한 가지밖에 없소." 놀란 장교는 권총에 손을 가져가며 묻는다. "그게 무엇인가?", "시요." 군인들은 집 안의 물건을 건드리지 않고 물러갔다.

그러나 며칠 뒤 칠레 독립 기념일인 9월 18일, 네루다는 병세가 위중해져서 수도인 산티아고의 병원으로 이송되었다. 그리고 9월 22일 병실에 찾아온 화가 네메시오 안투네스에게 네루다가 말했다. "이 군인이라는 자들은 지금 끔찍할 만큼 잔인하게 굴고 있지만, 조금 지나면 사람들 마음을 사려고 애쓸 걸세. 착하디착한 보통 사람인 양 행세하면서 말이야. 텔레비전 카메라 앞에서 어린애들이며 노인들을 끌어안고 다독거리겠지. 집도 지어주고 과자 상자도 건네주고 훈장 같은 것도 달아주겠지. 여러 해 동안 사라지지 않고 버틸 거야. 그러는 사이 문화도 예술도 텔레비전도 그 어느 영역에서건 범속함이 뼛속까지 스며들겠지." 그리고 다음 날 네루다는 혼

아옌데(왼쪽)와 네루다(오른쪽).
피노체트의 기소를 마음먹은 카스트레사나 검사는 자신에게 "왜 그런 귀찮은 일을 떠맡으려 하는가?"라고 묻는 사람들에게 답했다. "스페인 내전 당시 프랑코 독재를 피해 50만 명의 스페인 사람들이 국외로 탈출했습니다. 무려 50만 명의 사람들이. 그때 칠레의 주 스페인 영사가 배를 한 척 내주면서 "이 배에 태울 수 있는 사람들은 모두 구하겠다"고 말했습니다. 그가 바로 파블로 네루다였습니다. 하지만 영사가 그렇게 해본들 칠레 당국에서 받아들이지 않으면 소용이 없었죠. 그때 칠레의 보건장관이 그들을 모두 받아들이기로 결정을 내렸습니다. 그가 누군지 아십니까? 바로 살바도르 아옌데였습니다."

수상태에 빠져 "그들을 총살하고 있어, 그들을 총살하고 있어"라는 말을 되뇌다가 눈을 감았다.

불과 2년 전 노벨문학상을 수상해 칠레 국민을 열광시켰지만, 군부는 그를 조문하는 일조차 허락하지 않았다. 군인의 감시 속에서 몇몇 지인이 시신을 운반했다. 하지만 운구 행렬은 점차 늘어났고 누군가 단말마의 비장한 음성으로 그의 이름을 외쳤다. 이윽고 시립 공동묘지에 이르러 장례식이 거행되었을 때, 흐느낌 사이로 인터내셔널가가 울려 퍼졌다. 그것은 통곡이자 쿠데타 이후 최초의 저항의 몸짓이었다.

1992년 칠레에 민정이 들어서고 나서야 네루다는 생전에 그의 뜻대로 마틸데와 함께 이슬라 네그라의 집 앞으로 이장될 수 있었다. 언젠가 나는 그 바닷가에 갈 것이다. 아직은 몸, 그리고 마음의 준비가 덜 되어 있다.

후에고 데 벨로타의 유래

팔라시오 나쇼날의 벽화를 보고 있다가 한 가지 의문이 풀려서 유쾌했다. 후에고 데 벨로타. 팔랑케로 갈 때 가이드북에서 처음 그 이름을 접했다. 설명이 아리송했는데 일종의 공놀이지만 종교 의식의 성격을 갖는다고 했다. 터만 남아 있으니 무엇인지 알 도리가 없었다. 한동안 잊고 있다가 과테말라시티에 들렀을 때 마침 어린이날이어서 소칼로 광장에서 아이들이 공놀이를 하고 있는 것을 봤다. 처음 보는 공놀이였다. 이건가 싶긴

칼로 광장의 공놀이(위),
라시오 나쇼날의 벽화(아래).

했지만 장담할 수는 없었다. 두 팀으로 나뉜 아이들은 손을 사용하지 않고 가슴과 발만 사용해서 경사진 벽에 달린 구멍 사이에 고무공을 집어넣었다.

그리고 멕시코 팔라시오 나쇼날의 벽화에서 바로 그 장면을 목격하고는 수수께끼가 풀려 손을 불끈 쥐었다. '후에고 데 벨로타'는 실제적인 전쟁 대용물로 이용되었다는 설이 있으며, 때로는 이긴 팀의 선수를, 때로는 진 팀의 선수를 인신 공양했다고 한다. 인신 공양에는 생을 초월하는 내세관이 깔려 있었을 것이다.

페멕스 민영화를 반대하며 노래를 한다. "기름 없으면 자전거 타면 되지~"

천천히 벽화를 감상하고 나왔더니 벌써 어두워지고 비가 부슬부슬 내렸다. 북페어의 부스는 정리가 한창이었다. 노랫소리가 나서 가보니 배가 불뚝 나온 아저씨가 솜브레로를 쓰고 노래를 하고 계셨다. 멕시코에서 가장 큰 국경회사 페멕스PEMEX의 민영화를 반대하는 투쟁가라는데 가사는 이랬다. "기름 없으면 자전거 타면 되지~." 딩가딩가.

10

나라론과 인간론 사이에서

논아메리칸과 로스앤젤레스

아메리칸American과 논아메리칸Non-American. 미국의 공항에 내려 입국 심사를 받을 때면 나는 비존재 쪽에 줄을 선다. 다른 어느 공항에서도 그 땅에 밟으려고 '~이 아닌'Non- 존재로 분류된 경험은 없다. 대개 입국 심사대는 가령 한국인과 외국인 혹은 내국인과 외국인으로 구분되기 마련이다. 물론 내국인과 외국인이라는 분류법 역시 따져 묻는다면 복잡한 문제들을 토해내겠지만, 논아메리칸이라는 구분은 확실히 불쾌하다. 하지만 미국 전역의 공항이 이런 분류를 채택하는지는 알지 못한다. 미국의 공항 경험은 뉴욕, 시애틀 그리고 이번 로스앤젤레스가 세 번째다. LA에 있는 공항이어서인지 논아메리칸에 줄을 선 이들 가운데에는 비교적 라틴계가 많았다. 입국 심사를 기다리는 수십 분간 피부색도 차림새도 제각각인 사람들은 여집합의 인간으로서 함께 늘어서 있었다.

하지만 LA는 논아메리카Non-America였던 적이 있다. 1846년 멕시코가 미국과의 전쟁에서 패하기 전까지 LA는 멕시코의 땅이었다. 로스앤젤레스. '천사 여왕의 마을'이라는 그 이름은 1769년 스페인의 탐험가 가스파르 데 포르톨라가 스페인어로 붙인 이래 그대로다. 현재 미국에서 두 번째로 큰 도시로 성장한 LA는 멕시코시티에 이어 세계에서 스페인어 사용자가 두 번째로 많은 도시이기도 하다. 그 수는 마드리드나 바르셀로나보다 많다.

아메리칸과 논아메리칸이라는 분류가 일종의 폭력이라면, 그에 앞서

LA 공항 앞 전철 환승 게이트.

아메리칸이라는 호칭의 폭력이 존재한다. 미국은 자국민을 부르는 호칭으로 대륙 사람들의 이름American을 독점했다. 하지만 LA에서 아메리칸은 '미국인'과는 다른 울림을 갖는 듯하다. 아메리칸은 이민자다. 이 대륙이 아메리카로 명명되었을 때 이 대륙은 이민자의 땅으로 개발되었으며, LA가 도시로 성장했을 때 LA는 골드러시와 대륙 횡단 철도에 의해 백인 이민자들로 채워졌고, 이제 이 도시로 멕시코계, 쿠바계, 푸에르토리코계의 라틴아메리카 이민자들이 몰려들어 현재 LA 인구의 절반은 라틴계 이민자들이 차지하고 있다. 백인 아메리칸의 수치는 30퍼센트에 불과하다. 여러 아메리칸들.

LA에 도착한 날 한국의 반대편에서 태평양을 보고 싶었다. 산타모니카 해변으로 향하는 메트로 버스에 올랐다. 버스 안에서 바다만큼 풍요로운 광경과 만났다. 흑인 운전사는 버스를 아주 부드럽게 몰았다. 그는 버스에 사람들이 오를 때마다 일일이 인사를 건넸는데, 승차하는 사람에 따라 인사말이 바뀌었다. 나이 지긋한 백인 할머니가 지팡이에 의지해 버스에 오를 때, 히스패닉계의 아주머니가 보따리를 끌어안고 버스에 오를 때, 헤드셋을 낀 흑인 젊은이가 버스에 오를 때 운전사는 각기 다른 언어로 인사했다. "굿 애프터 눈", "부에나스 타르데스", "하우 아 유 두잉", "올라", "헤이, 브로" 운전사는 버스에 오르는 모든 이들에게 따뜻한 눈빛을 담아 인사를 건넸고 그들의 얼굴에는 옅게 미소가 번졌다. 버스의 뒷좌석까지도 그 미소의 반경 안에 있었다. 한 사람의 배려가 버스 안을 훈훈함으로 채웠다.

하지만 이내 멕시코시티에서 LA로 건너오며 하늘 위에서 지나쳤던 땅 위의 국경선을 떠올린다. 멕시코와 미국 사이에는 2,000마일에 걸쳐 국경선이 그어져 있다. 때로는 철조망이, 때로는 장벽이나 도랑이 멕시코와 미국의 경계를 가르고 있다. 소위 토르티야 장막이라 불리는 이 미완의 경계는 미국이 라틴계 이민자들을 막고자 급히 건설했다가 도중에 중단된 채로 있다. 군데군데 경계가 허술한 곳을 통해 국경을 넘으려고 매일 사투가 벌어지며, 매해 수백 명의 사망자가 발생한다. 여기서 다시 한번 아메리칸과 논아메리칸은 분명하게 갈린다. 토르티야 장벽은 소위 선진 세계와 발전 도상 세계 사이에 놓인 유일하게 가시화된 경계이자 앵글로아메리카와 라틴아메리카의 경계이기도 하다.

사막 지대의 바리케이드

경계와 분단. 여행을 다니다가 토르티야 장벽에 얽힌 이야기 같은 것을 들으면 한국이 세계 유일의 분단국가라는 말을 곱씹게 된다. 이 토르티야 장벽 역시 멕시코인에게는 어떤 분단을 상징하지 않을까. 그 너머에 과거에 빼앗긴 땅이 있으며, 오늘날 헤어진 가족이 있다. 과테말라에 갔을 때도 이웃나라 벨리즈와 과테말라 사이에 독립을 둘러싼 분쟁이 있다고 들었다. 더구나 이곳에서 분단선은 땅 위에만 그어져 있는 게 아니다. 과테말라에서는 고도에 따라 인종 분포가 다르고, LA는 거리에서 살아가는 자들과 마천루에서 살아가는 자들의 삶이 다르다. 지도에는 표시할 수 없는 분단선, 외부인은 쉽게 눈치 챌 수 없는 분단선이 겹겹이 포개져 있는 것이다.

물론 비슷한 크기로 나라가 쪼개지고 정치 체제가 달라 민간인이 오갈 수 없는 한반도 유형의 분단은 다른 곳에서는 찾아보기 힘들다. 하지만 인도차이나반도 안에서 부둥키며 서로를 학살한 베트남, 라오스, 캄보디아의 경우도 그들에게는 어떤 분단이 아닐까. 종교적 이유로 50만 명이 목숨을 잃고, 500만 명이 삶의 터전을 떠나야 했던 파키스탄의 건국 과정도 어떤 분단의 상흔을 간직하고 있지는 않을까. 너무도 반듯반듯해서 어색하게까지 보이는 아프리카 대륙의 저 국경선들도 어떤 분단을 말해주지 않는가. '한반도식 분단'이야 한반도에만 있을 테지만, 오히려 소위 몇몇 선진 국가를 제외한다면 세계의 더 많은 나라들은 국민국가를 형성하는 과정에서 분단을 경험했고 경험하고 있지 않을까.

그래서 여행하는 동안에 한 사회가 간직한 문제의 묵직함이 전해올 때면 이런 생각을 하게 된다. '한국적 특수성'을 강조하는 일이 다른 사회가 끌어안고 있을 또 다른 고유한 문제들을 외면하고 한국적 상황을 특권화하는 식이라면 논리적 설득력이 없을 뿐만 아니라 다른 사회에 다가갈 때 사고의 장애물이 되고 말 것이다. 내가 가지고 있는 분단의 감각으로는 저 토르티야 장벽의 의미를 헤아리기가 힘들다. 저 여러 아메리칸의 의미도 이해하기 어렵다.

신문 위의 분단.

LA 코리아타운에서 아저씨들의 수다

산타모니카 해변에서 지는 해를 바라보노라면, 각각의 빌딩은 색을 잃는 대신 다른 빌딩들과 어우러져 기묘한 기형학적 윤곽을 띤다. 색을 잃은 빌딩숲은 어둠으로 향하기 전의 하늘과 더욱 뚜렷이 대비되며 그 위용을 과시한다. 바빌론처럼 치솟은 미국 연안의 빌딩숲은 거대한 부의 표상으로서 얼마나 자주 전 세계로 송신되었을까. 그렇게 송신된 이미지는 '아메리칸 드림'이 되어 숱한 인구를 불러들인다. 그리하여 저 빌딩들은 멀리서 보면 현대 문명의 상징이나, 바짝 다가가면 숱한 비화悲話들로 얼룩져 있을 것만 같다.

미국에서 불법 노동자는 그 수가 600만을 헤아린다. 그리고 그들의 배후에는 수천만 인구의 압력이 있다. 다양한 문화권에서 유입된 인구는 아메리칸 드림을 좇아 용광로 속에서 용해된다. 용광로의 한 가지 이름은 통합이며, 다른 이름은 익명화다. 하지만 경제가 위기로 치달으면 용광로가 미처 녹여내지 못한 앙금들이 떠오른다. 이곳 LA에서는 1992년에 소위 폭동이 있었었고, 그 폭동은 '문화 간 공생'이라는 묵직한 화두를 남겼다.

LA의 코리아타운은 폭동의 기억을 간직하고 있다. 그리고 다시 경제위기로 접어들고 있다. 이번에 LA를 방문하면서는 관광 명소보다 코리아타운을 들러볼 셈이었다. LA의 코리아타운은 여느 마이너리티 거주지보다 규모가 크다. 올림픽 블리바드에 자리잡은 코리아타운은 LA의 차이나타운과 리틀 도쿄를 합친 것보다 다섯 배가량 크다. 마저 LA의 인구 비율을 소개하자면,

카를로스 푸엔테스, "북아메리카 세계가 그 광휘로 우리 눈을 멀게 한다.
우리가 오로지 그 세계만 보도록, 그래서 우리 자신을 못 보도록 막는다."

히스패닉계와 백인을 뒤이어 아시아계 이민자 수가 전체의 13퍼센트로 흑인들을 앞서고 있다. 통계는 수치만을 말해주지만, 저 수치의 변화는 실로 여러 부문에서 알력과 충돌을 낳고 있는 중이리라.

코리아타운의 게스트하우스에 방을 잡았다. LA에 도착한 날 한국의 주가는 1,000포인트 아래로 곤두박질쳤다. 달러 환율도 치솟았다. 한국 경제위기의 여파는 이곳에서 급감한 관광객 수치로 반영되었다. 한국인들을 상대로 하는 할리우드 투어, 베벌리힐스 투어 등은 최소 출발 인원을 맞추지 못해 중단되었다는 후문이다. 내가 묵은 게스트하우스도 한산했다. 산타모니카 해변에서 밤늦게 게스트하우스로 돌아오니, 낮에는 없었던 일가족이 라면을 끓여 먹고 있었다. 아이 둘을 데리고 교육 이민을 오셨단다. 이들의 가족사는 앞으로 어떻게 쓰여질까.

식당 한켠에는 아저씨 두 분의 조촐한 술자리가 벌어지고 있었다. 삼겹살에 소주. 허기보다 피로가 컸지만 그 조합을 외면할 수는 없었다. 한 분은 이따금 이곳 게스트하우스로 술을 드시러 오는 동네 주민이고 다른 한 분은 사업차 LA에 들르셨다. 거실의 위성방송은 채널이 YTN으로 맞춰져 있어 경제 관련 보도가 쉴 새 없이 흘러나왔다. 이야기에 활기가 돌다가도 뉴스 소식이 끼어들면 짤막한 한숨에 잔은 새로 채워졌다. 가라앉은 분위기 탓인지 주식 상황으로 시작된 이야기는 인생역정으로 접어들었다. 두 분의 대화를 옮겨본다. 자정을 넘긴 시간, 술에 절은 대화는 애초에 한 주제를 향해 앞으로 똑바로 나아갈 리 없었다. 두 분께 녹취를 허락받았다.

"내가 아는 선배가 있는데, 미국에 와가지고 나한테 손해를 많이 끼치지는 않았지만…… 아무튼 좋아하는 선배는 아니에요."

"잡job은 좋은데 사람은 안 좋은가 보네요."

"처음에 나하고 비즈니스 할 때는 기술 자체는 내가 가지고 있었고 '너도 한번 해봐라' 그러기에 해봤죠. 그때는 종업원으로 살았는데, 처음 비즈니스 할 때 돈 떨어지는 거 보니까 내가 일하던 거랑 다르더라고. 그때가 286 컴퓨터 쓰던 때 얘기예요. 이게 라이선스 가지고 통신선 까는 일이거든요. 그런데 LA 시가 까다로워서, 원래 미국 애들이 그래요. 여기다 건물 하나 지으면, 건물 도면을 그대로 시청이 가지고 있어야 돼. 일리는 있

지. 강도가 들어왔어. 애들을 잡으려면 경찰들이 어디를 뚫고 들어와야 하는지, 도면에 다 있는 거죠. 뚫을 수 있는 벽인지 뭔지. 그게 다 시에 있는 거야."

"전에 라스베이거스에서 건물 짓는 거 봤는데, 정말 무너지지가 않겠더라고. 와, 어마어마하더만요. 똑같은 5미터 5미터 슬래브를 여기도 받치고 저기도 받치고. 우리는 철근 몇 개 올려서 뚝딱뚝딱 하면 될 걸 애네들은 한 장 깔아놓고 검사관 와서 조사하고, 또 한 장 깔면 또 검사관 와서 조사하고, 아니면 불합격시키고."

"그래서 삼풍백화점 얘기가 나온다니까요. 그럼 건물 또 올리면 돼, 한

국 사람들 개념이. 그런데 우리나라가 점점 발전되어가면서, 한국 보면서 놀라는 게 뭐냐면, 미국을 앞서가기도 해요. 한국 방송 보면 놀란다니까요. 여기서 신경 안 쓰는 거 한국에서는 신경 쓰고. 내가 84년도에 미국에 왔지만, 그땐 아무것도 없었거든요. 강남에 건물 두 개밖에 없었어요. 한중건물이라고 20층짜리 그거하고, 지금 코엑스 옆에. 참, 영동나이트도 있었네. 나머지는 전부 논밭이었다니까요. 한국에 몇 번 가다가 비즈니스 때문에 삼성역 쪽에 갔는데, 코엑스 빌딩 지하에 들어가 보니까, 미국 아무리 돌아다녀도 그런 분위기랑 시설 가진 데가 없어. 미국보다 한국에 사는 게 더 좋은 거 같아."

"나도 내가 생각했던 LA가 이거던가 싶더라니까요. 미국이라는 데가, 강남이나 이런 데보다 많이 후져."

"왜 그런 현상이 나타났느냐, 한국은 개발도상국이어서 다 쓸어버리고 다시 올리는 개념이니까. 미국은 역사가 짧지만 짧은 동안에 해놓은 게 많아. 이 집만 해도 50년이라니까요. 뼈대를 기초공사를 너무 잘 해놓아가지고선 쓸어내고 그럴 수가 없는 거야."

"내가 잠실 재개발하고 (건물) 올라간 건 그렇게 놀라지 않았거든요. 그런데 동탄에 아파트 지어놓은 것 보니까 맨하탄 빰쳐. 와, 지상에 차가 없어. 전에 대충 있던 거 싹 쓸고, 아파트를 지어놓았는데, 입체적인 간판하며……."

"그런데 미국은 몇 번째 오셨어요?"

"거의 2년에 한 번씩 왔어요. LA는 처음이고, 시카고에 많이 갔어요. 요

8달러가 세일해서 8달러인 사연. 경기가 좋지 않아서 처음에 가격을 내렸다. 하지만 가격을 내리니 수지타산이 맞지 않는다. 그렇다고 현수막을 바꾸자니 비용이 든다. 그래서 남자 컷은 다시 8달러가 되지 않았을까. 잘 보면 "개업 폭탄 세일"이던 것이 개업을 지워 재활용한 흔적이 보인다. 이 현수막 한 장은 몇 번이나 모습을 바꿔서 등장했을까. 불황이 엿보인다.

즘에 그린 에너지에 신경을 많이 쓰는 것 같데요. 전망이 좋으니까. 미국에는 일찍 오셨나 보네요."

"내가 중3 때 이민 왔어요. 우리 외삼촌이 시카고에서 가발일을 했거든요. 집안사람들 한 명씩 초청했지. 우리 어머니가 일정 때 오사카에서 출생해서 일본 태생이거든요. 한국 사람들 말고 일본 사람은 미국에 그다지 오려고 하지 않아서 어머니가 빨리 왔죠. 서로 떨어져 지내다가 나는 9월 30일인가 들어왔어요. 장롱은 배로 부치고 그러고 넘어온 거지."

"대단하시네. 요즘 애들은 고생을 너무 몰라요. 내가 아들한테 이런 말하거든요. 우리 할아버지가 옛날 일제강점기 때 일본 배에서 탄을 지게에 짊어지고 퍼내리는 일을 해서 결국에는 땅을 샀어요. 열다섯 마지기를 사서, 결국은 아버지가 그 농사를 지어야 된다는 의무감에 살다가 일찍 돌아가셨어요. 그러면서 얘기를 하죠. 우리 시대 애들은 너무 빠져 있어. 다 해주니까 약해 빠져서. 옛날에는 먹을 거 없어서, 뭐라고 하나, 소나무 벗겨서 먹었다잖아요."

"난 큰애가 9학년인데 LA 근교에는 보낼 만한 고등학교가 없어. 다 남미 애들이 많아가지고 교육 수준이 떨어지고. 애들을 어디 보내야 하나, 내 주위에는 있는 인간들은 프라이빗 스쿨을 보내요. 한 달에 1만 2,000불 붓는 거죠."

"그 돈을 다 어떻게 대요."

"그게 그렇게 크지 않을 수도 있어요. 제가 처음에 2억짜리 집에 살다가 2년 뒤에 3억에 팔았거든요. 입이 벌어지는 거예요. 사업하면서도 한 달

에 1,000불 저축하는 게 힘들었는데, 돈 벌 생각이 딱 떨어지는 거지. 전에 42만 불, 한국 돈으로 그게 5억쯤 되나, 그걸 판 게 10억이었어요. 결국 50만 불 이상을 만든 거죠. 지금 LX라고, 렉서스에서 제일 좋은 차인데, 10년 전에 샀어요. 10년을 탔는데도 잔 고장 하나 없어요."

"대단하십니다."

"한국에서 임대주택 사는 사람이 에쿠스 타고 다니는 경우 있잖아요. 처음에는 이해가 안 되었는데, 지금은 알겠더라고. 그 사람이 굉장히 잘살고 있다고 생각한 것이, 집은 강남인데 남한테 전세 주고, 자기는 임대 들어가는 거죠. 없는 사람이 사는 데가 임대주택인데, 사람 보는 개념이 바뀌었어요."

술자리가 파하기 전에 어김없이 '마누라' 이야기가 나왔다. 내용은 옮기기가 힘든데, 대략 이런 말들을 주거니 받거니 하셨다. "남자로 살면서 이렇게 살려고 사는 게 아닌데", "외로움이라는 게 마누라도 채우지 못하더라고요", "마누라가 기가 세다보니까 나를 꺾으려고 해", "나의 행복 때문에 남을 위해서 죽을 수 있는 거지, 남의 행복 때문에 죽는 건 아니거든요."

시간은 새벽으로 접어들어 YTN은 한국의 저녁뉴스로 넘어가는데, 삼겹살 먹으려고 앉은 대가가 너무 컸다. 평범한 대화였지만, 그 평범함에는 내가 도무지 끼어들 구석이 없었다. 기가 센 마누라도, 학교 보낼 아이도, 집값 신경 쓸 아파트도, 그것들로 수놓을 인생 얘기도 없는지라 이야기를 되받기는커녕 "아, 그렇군요"라며 이따금 추임새를 넣어보았지만 내가 듣기에도 밋밋했다. 제법 여행하면서 돌아다닌 이야기보따리는 있지만, 그런 내용을 풀어놓을 자리는 아니었다.

하지만 아저씨들의 수다는 묘하게 친근했다. 근 2년 동안 한국을 떠나 생활하던 내게 LA는 한국으로 돌아가는 길에 들른 마지막 여정이었다. 밤이 새도록 뉴스는 경제위기 상황을 보도하고, 아저씨들은 자식 얘기, 직장 얘기에 쓴 잔을 기울이는데, 그 팍팍한 공기 속에서 조만간 다가올 서울살이의 현실감이 묘하게 되살아나는 느낌이었다.

정보지 속 코리아타운

여행을 다니며 그곳의 신문을 사둔다. 꼼꼼히 읽지는 않더라도 기사의 배열이나 제목을 뽑는 방식, 하다못해 만평이나 광고라도 보고 있으면 흥미로운 소재거리를 건질 수 있다. 작년 뉴욕에 갔을 때 그곳 한인들이 보는 신문을 찾아보았더니 중앙일보 등의 거대 신문사가 한인판을 따로 내고 있었다. LA에서도 그랬다. 여러 곳의 코리아타운에 가보면, 한인 사회의 규모에 따라 신문의 종류도 바뀐다. 멕시코시티에서 가져온 것은 『韓 Diario '동포신문'』인데, 주로 번역 기사가 많았지만 제법 신문의 모양새를 갖추고 있었다. 과테말라시티에서 구해온 것은 정보지에 가까웠다. 『Información 한Gua』라는 이름을 달고 있었다. 그런데 이런 정보지가 제법 재밌다. 물건 사고파는 이야기나 조촐한 광고, 가십성 기사는 오히려 구색을 갖춘 신문보다 생활상을 엿볼 때 '정보지' 역할을 톡톡히 한다.

과테말라시티에서 가져온 정보지를 펼친다. 1면의 광고는 처음에 외국어인 줄 알았다. "삼봉·오바 샤링 노루발, 삼봉·오바 테프론 노루발." 섬유기계 관련 용어였다. 아래로 기사가 달렸는데 "재무부장관"으로 시작하기에 한국은 '기획재정부'가 아닌가 싶어 마저 읽어보니 과테말라 소식이었다. 정보지에 실린 기사는 대개 과테말라에서 발행되는 『Prensa Libre』라는 신문을 옮겨놓은 것이다. 그 신문도 과테말라에 들어간 날 사두었다. 스페인어라서 읽지는 못했지만, 뉴욕 증권거래소 직원이 허탈한 표정으로 주저앉은 1면 사진을 보니 대충 기사 내용이 가늠됐다. 숫자는 읽을 수 있지 않겠는가 싶어 경제면을 펼쳐보니, 특이하게도 커피, 설탕의 가격 변동 추이가 환율과 주식 시세 등의 경제지표와 함께 올라와 있었다.

다시 『Información 한Gua』. 다음 면을 넘기니 기사 제목이 「멕시코서 불법체류자 적발」이다. 치아파스 주에서 트럭 짐칸에 숨어 있던 31명의 중미 국적 불법 체류자들이 멕시코 이민국에 적발되었다. 그들 가운데 스물세 명은 엘살바도르인, 세 명은 온두라스인, 그리고 다섯 명은 과테말라인으로 확인되었으며, 그중에는 세 명의 미성년자도 포함되어 있었다. 이들은 미국 국경까지 이동할 계획이었다고 전하고 있다.

광고란이 또 재밌다. '한국산' 호일 1등급 제품을 특별 가격으로 판매한다. '과테골'에서는 "복사시미, 아구찜"를 전문으로 취급한다. 음식점 '호돌이'는 이렇게 선전한다. "안전하고 깔끔해진 실내. 맛있고 다양한 먹거리. 넉넉한 인심." '안전하고 깔끔해진 실내'라는 문구가 다소 의아했지만, 전에 만났던 한국 음식점 주인에게 과테말라시티의 한인 가게에서는 이따금 강도 사건이 일어난다는 이야기를 들은 적이 있다. 과테말라에서는 총기 소지가 허용되어 있고, 한국 사람은 현찰을 많이 만진다는 소문이 돌아 종종 강도의 표적이 된다는 것이다. 과테말라시티의 엘 푸에블리토는 한국 사람이 꽉 잡는 지역인데, 이곳의 고급 식료품점은 한국인과 일본인만 출입이 허용된다. 과테말라에 있지만 과테말라인의 출입은 금지된 것이다.

정보지에 학원 광고가 빠질 리 없다. "Han All American School. 2008~2009 학생 모집 요강. Han All American School은 미국, 한국대학을 가기 위한 학교입니다." 그리고 역시나 교회 광고도 있다. '영성 회복 특별 집회', "이 시대 최고의 학자요, 저술가요, 영성가이신 후안 카를로스 오르티즈 목사님을 강사로 모시고 영성 회복을 위한 특별 집회를 개최하게 되었습니다. 영성 회복과 신앙 성숙을 원하시는 분을 초대합니다." 미주 한인 예수교장로회에서 주최하며 후안 카를로스 오르티즈 목사님의 저서는 『제자입니까』, 『주님과 동행하십니까』, 『신자입니까』, 『하나님 나라』 등 다수가 있다고 알렸다. 어느 것 하나 저작처럼 보이는 것 없이 모두 팸플릿 같았지만 사정은 모른다. 그나저나 후안 목사님이 토해내시는 영성의 말씀은 어떻게 통역을 할까.

이건 또 왜 그런 걸까. 정보지에 실린 유머란은 온통 '아내' 얘기였다. 제목의 면면을 살펴보니 「아내를 닮은 여자」, 「아내는 무서워」, 「아내가 어땠기에」, 「아내가 안 가본 곳」. 어디 인터넷에서 한꺼번에 베껴서 그런가 싶어 다음 호도 구해보았는데 다르지 않았다. 「아내가 돌아오면……」, 「아내 VS 어머니」, 「아내 사진」 등등. 여기에 「아내 사진」을 옮겨본다.

항상 부인의 사진을 지갑에 넣고 다니는 남자가 있었다. 그런 남편이 너무 고마워 아내는 남편에게 그 이유를 물었다.

부인 당신은 왜 항상 내 사진을 지갑 속에 넣고 다녀요?

남편 아무리 골치 아픈 것이 있어도 당신 사진을 보면 씻은 듯이 잊게 되거든…….

부인 당신에게 내가 그렇게 신비하고 강력한 존재였어요?

남편 그럼. 당신 사진을 볼 때마다 내 자신에게 이렇게 얘기하거든. 이것보다 더 큰 문제가 어디 있을까?

과테말라의 코리아타운에서 정보지의 주된 구독자는 유부남인 것일까.

제일 뒷면에는 '주요 연락처'가 수록되어 있다. 이것 또한 흥미롭다. '주요 공공기관'으로 분류된 항목에는 대사관, 한인회, 코트라와 함께 골프회, 해병전우회, 한인축구동우회의 연락처가 나온다. 교회 연락처가 그 뒤를 잇고, 섬유산업 관련 업체가 전체 항목 중 3분의 1가량을 차지한다. 미싱, 원단, 실공장, 봉제 부속품, 재단, 자수, 염색, 나염, 기타 봉제 관련 업체, 섬산협 임원사 등등.

과테말라시티의 한인은 1만 명이 넘는데, 최근에는 멕시코에서 넘어온

뉴욕한인회장 선거 포스터. '변화와 개혁'의 계절, '변화와 개혁'이 운운되는 계절.

사람들이 부쩍 늘었다고 한다. 1990년대 중반까지 한국 기업은 중국에 섬유 공장을 많이 차렸다. 하지만 중국 노동자의 임금이 올라가자 주요 판매 시장인 미국과 가까운 멕시코로 공장들이 대거 이전했다. 그러던 것이 멕시코 노동자의 임금도 오르고, 수년 전에 멕시코 당국이 한국 업체의 가짜 유명 브랜드 옷을 대대적으로 단속하고 나서 많은 섬유 공장들은 멕시코 시티에서 철수해 과테말라로 넘어왔다. LA를 떠나는 비행기에서 만난 섬유 공장 사장님의 말씀이었다.

하지만 임금이 저렴하더라도 고충은 있다. 더 저렴한 임금을 찾아 멕시코 아래로 내려가면 태업하는 노동자들을 다그쳐 판매 기일을 맞추기가 어렵다고 한다. 그래서 지금은 또다시 중남미에 있던 공장들이 동남아시아로 이전하는 추세다. 섬유 산업과 함께하는 한인 디아스포라라고 해야 할까.

한국은 해외에 600만 명의 교포가 살고 있다. 이 수치는 인구 대비로 볼 때 이스라엘을 제외하고 세계 1위다. 또 얼마나 많은 사연들의 디아스포라가 존재하는 것일까. 그중 하나의 사연을 일본에서 만났다.

오오쿠보와 오사카

2년 가까이 한국을 떠나 있었던 까닭은 2007년 봄부터 일본의 동경 외국어대학교에서 외국인 연구자로 체재했기 때문이다. 처음 코리아타운에 가본 곳도 일본이었다. 도쿄의 중심가인 신주쿠 바로 옆에 오오쿠보라는 지명의 코리아타운이 있다. 2007년 여름, 그곳에 자주 가야 할 일이 생겼다. 한 일본인 친구가 '컬처럴 타이푼' cultural typhoon 이라는 문화 행사에 '다문화 공생'을 주제로 한 다큐멘터리를 출품하기로 했다. 그 친구는 오오쿠보에서 살아가는 한국인들을 대상으로 다큐멘터리를 찍을 계획이었으며, 내게 통역을 부탁했다.

오오쿠보에 가서 내가 할 수 있는 일이란 한글로 된 간판을 일본어로 설명하거나 코리아타운에서 무엇이 한국적인지 소개하는 것이었다. 하지만 일본 생활 초기여서 말을 더듬거리던 내게 이 간단한 일은 고역이었다. 더구나 내가 한국인이라고 해서 다른 나라의 코리아타운에 간들 한국적인 것을 쉽게 발견해낼 리 만무했다. 음식이야 한국풍이며, 식당에는 한류 스타들의 사진도 걸려 있지만, 무엇을 한국적인 것이라고 소개해야 할까.

감자탕은 한국에서는 더욱 얼큰하고, 참이슬은 한국에 있는 것이 더 독하며, 이 배우는 일본에서만큼 한국에서 인기가 있지는 않다는 말이 한국적인 것에 관한 소개가 될까. 결국 오오쿠보에서 몇 차례 허탕을 친 우리는 한국적인 것을 찾아 나선다는 애초 기획에 회의를 품기 시작했다. 오오쿠보의 소비문화만을 스쳐갔을 뿐, 둘 다 오오쿠보의 내적 맥락에는 진입하지 못했다. 친구는 한국 문화가 무엇인지 모르고 나는 일본 사회를 모르니까. 아니, 둘 모두에게 이유는 같았다. 오오쿠보에서 생활하지도 않고 자주 올 일도 없기 때문이었다. 촬영이 반복되자 친구는 자국에서 '남의 나라 문화'를 찾아내겠다고 사람들에게 카메라를 들이미는 일에 진저리를 내기 시작했다. 다큐멘터리 계획은 무산될 조짐을 보였다.

나에게는 또 다른 버거움이 있었다. 그해 일본에서 먼저 들렀던 코리아타운은 오오쿠보가 아니었다. 그해 봄 오사카에 간 적이 있다. 아니, 오사카의 그곳은 코리아타운이라고 부를 수 없을지도 모른다. 오오쿠보의 코리아타운은 뉴커머new comer가 지내는 곳이지만, 오사카에서 살아가는 이들은 대개가 올드커머old comer였다. 뉴커머와 달리 올드커머는 영어에 없는 표현이다. 오래전old에 왔다면 이미 정착을 하고 있을 테니, 커머comer라는 말이 붙는 것은 이상하다. 하지만 한인의 일본 이민사에서 올드커머는 뉴커머와 달리 구분되어야 했다. 오사카의 올드커머는 식민지기에 이주해온 사람 혹은 그들의 자식세대를 말한다. 그래서 이곳은 코리아타운이라는 말보다 재일조선인 마을이 적합한 표현일 것 같다.

한국에서는 LA, 뉴욕에서 살아가는 이들도 오오쿠보, 오사카에서 살아가는 이들도 모두 해외 동포라고 부르지만 거기에는 복잡한 문제가 자리잡고 있다. 일본의 식민 지배로 오사카 등지에서 살아가게 된 자들. 해방 이후 1952년 일본 정부는 그들의 일본 국적을 박탈했지만 돌아갈 조국은 분단된 상태였기 때문에, 그들은 어느 곳에도 속하지 못한 채 무국적자로 살아가야 했다. 이제는 일본인으로 귀화한 사람도, 한국이나 북한 국적을 선택한 사람도 있지만, 더 이상 존재하지 않는 나라 '조선적籍'을 가지고 살아가는 10만 가까운 사람들이 있다. 이들은 한국 '해외동포법'의 대상에 속하지 않는다.

오사카의 재일조선인 마을을 찾아가는 일은 여느 여정과 같지 않았다.

오사카 코리아타운의 초입. 이 문으로 들어오고 나서 길은 쭉 뻗어 있었지만 나는 방황했다. 코리아타운이라고 명기되어 있지만, 이 공간은 나와 어디서 만나는 것일까. 먼저 언어를 고르는 일부터가 쉽지 않았다. 하나의 언어도 미묘한 억양과 음역의 차이로 풍부하다는 사실을 알았다. 오오쿠보에서 들리는 낯익은 한국어와는 달랐다.

당시 나는 일본에 도착한 직후여서 일본어가 형편없이 서툴렀다. 조선인 마을을 거닐면서 식당과 식료품점이 즐비한 그 거리에서 누군가에게 말을 건네고 싶었지만, 한국어로 말을 건네도 되는지, 서툰 일본어로 말을 건네면 실례인지를 망설이다가 결국 그냥 돌아왔다.

나는 그곳을 같은 민족으로서 방문하는 것일까, 외국인으로서 방문하는 것일까. 나는 외국을 다녀온 것일까, 한국 혹은 코리아의 어느 일부를 다녀온 것일까. 이런 주저함에는 먹물 근성이 깔려 있을지도 모르지만, 어찌되었든 그 낯선 거리감을 경험하고 온 터였다. 그래서 동경의 오오쿠보에서 '다문화 공생'을 주제로 '한국적인 것'을 찾아 돌아다닐 때 오사카의 경험이 줄곧 오버랩되어 혼란스러웠다. 다큐멘터리를 찍어야 할 사람은 카메라 들기를 거부하고, 통역자는 무엇이 한국적인지를 소개하지 못하니 다큐멘터리는 만들어질 리 없었다.

결국 우리는 오오쿠보에서 '한국적인 것'을 찾아내는 것이 아니라 그런 시도가 왜 실패하는지, 오오쿠보를 촬영하러 간 일본인 연구자와 한국인 유학생은 카메라를 들었다는 사실로 인해 무엇을 곤혹스러워했는지를 셀프 카메라처럼 담는 쪽으로 방향을 수정했다. 제대로 의미화할 수 없는 그 경험 이후 내게 '한국적인 것'이 무엇인가는 의미 있는 물음으로 다가왔다. 이것이 LA로까지 이어지는 여정에서 코리아타운 근처를 서성이게 된 이유다.

나라론과 인간론의 비약 사이에서

또한 일본 생활은 여행을 다른 감각으로 이끌어준 계기이기도 하다. 외국인으로서 지내다가 다른 나라로 여행을 떠나면 생활의 감각과 여행의 감각은 말끔히 분리되지 않는다. 생활을 해야 했기에 일본살이는 그저 여행일 수 없었으며, 그러고서 떠난 여행이기에 낯선 장소를 거닐면서는 생활의 모습이 줄곧 눈에 밟혔다.

그렇게 수차례 생활과 여행 사이를 오가다가 한 가지를 마음먹었다. 이제 여행길에 공부의 의미를 입히리라. 낯선 장소를 텍스트로 삼아 나의 사고력과 감각 능력으로 그 낯선 맥락 속으로 얼마나 진입할 수 있는지를 시험하고 싶었다. 낯설음을 그저 이국취미의 대상으로 남겨놓지 않고 거기서 물음을 발견하려면 어떠한 사고의 절차가 필요한지 스스로에게 묻고 싶었다. 낯선 삶의 장소를 읽어내는 일은 문자로 이루어진 텍스트를 대할 때보다 더한 버거움과 긴장감을 안기리라. 그리고 만약 날것 그대로의 물음이라면, 숙성되지 않은 물음밖에 꺼내지 못한다면, 단편적인 답만이 기다리고 있을 뿐이리라.

우리는 여행할 때 홀로 다녀도 맨몸으로 다니는 것은 아니다. '나'라는 개체는 이미 기억과 경험 그리고 정보 등으로 구성된 맥락의 덩어리다. 그래서 여행자가 여행지를 찾을 때 그것은 한 장소 위에 한 사람이 있는 것이지만, 동시에 그 장면은 이질적인 맥락들 사이에서 충돌과 교착, 교섭과 소통이 일어나는 하나의 사건이 된다. 하지만 이 갖가지 반응들을 충분한

사색으로 우려내지 못한다면, 여행의 감상은 나라론 아니면 인간론의 어느 한쪽으로 비약하기 일쑤다. 일반론으로 내놓을 자신은 없지만, 내 경우는 그러했다. 그리하여 이번 여행길에서는 양측의 비약 사이에서 사고의 감도를 시험하고 싶었다. 이것은 스승인 중국의 사상가 쑨거에게서 배운 발상이기도 하다. 그녀가 사상사의 영역에서 시도한 것을 여행에 적용해 보고 싶었던 것이다.

여행지가 지닌 고유한 문화 논리로 들어서려는 노력이 실패하는 경우, 여행자는 곧잘 자신의 모어 문화를 퇴로로서 끌어온다. 지적으로 말하자면 '문화적 차이'며, 속되게 말한다면 "쟤들은 우리랑 달라"일 것이다. 물론 쉽사리 헤아릴 수 없는 상대의 문화 논리를 존중한다는 태도는 중요하다. 하지만 간단히 모어 문화를 끌어와 '문화적 차이'라며 낯선 체험을 뭉뚱그린다면 두 가지 우를 범하기 십상이다.

첫째는 '문화적 차이' 안에서 역설적이게도 상대 문화가 지닌 복잡함은 '이해할 수 없는 대상'인 채로 알 만해지는 것이다. 둘째는 모어 문화를 가져와 상대 문화와의 차이를 부각시킬 경우, 모어 문화는 상대 문화와 대비되는 비교항으로서 쉽게 절대화되고 분석할 수 없는 전제가 되어버린다. 특히 그런 경향은 설명 투의 여행서에서 자주 접한다. 거기서 여행을 하는 구체적인 인격은 누락되어 있다. 실제 여행은 한국인이 멕시코에 가는 일이기 이전에, 구체적인 한 인간이 구체적인 어떤 장소에 가는 일이다. 그 장면에서 발생하는 사건들은 '멕시코 문화' 일반론으로는 좀처럼 처리할 수 없는 경우가 많다. 하지만 범박한 나라론에 의지하거나 '문화적 차이'를 절충적으로 도입한다면, 낯선 상황 속에서 자신의 감각을 시험할 소중한 기회를 잃고 만다.

이와 반대로 인간론이라고 해야 할까. 반편향의 비약도 존재한다. "사람 사는 게 그렇지 뭐"가 전형적인 방식일 것이다. 당면한 상황을, 그 복잡한 맥락을 비집고 들어가지 못해 사유 방식이 직관적이 되면 쉽사리 인간론으로 비약해버린다. 이 경우는 앞서와는 반대로 여행지의 문화나 역사에 대한 소개보다는 사람 만난 이야기로 가득한 (특히 소위 제3세계를 돌아다니며 인물사진을 많이 실은) 운문조 여행서에서 목격된다. 맞닥뜨린 구체적인 상황은 표현의 관성에 이끌리듯이 적당한 (대개 윤리적이고도 아름다운) 수사를 거쳐 예상할 수 있는 결론으로 정리된다. 그리하여 상황 묘사 자체가 미리 마련해둔 표현을 위한 것인 양, 상황 속 낯선 등장인물들은 스테레오타입화된다. 아름답게 때로는 안타깝게. 이런 책은 여행을 향한 동경은 남기지만, 여행의 지혜는 주지 못한다.

무엇보다 나라론이든 인간론이든 그 낯설음은 자신을 향한 물음, 자기 사회를 향한 물음으로 되돌아오지 않는다. 하지만 이제 어렴풋하게 알 것 같다. 여행을 하며 내가 늘 데리고 다니는 나 혹은 한국이라는 맥락은 단수이자 늘 복수로서 존재한다. 그리고 진정 낯선 여행지로 진입하려거든 감정이입보다는, 사고의 탄성을 늘리고 나를 '상황성'으로 풍부한 자신으로 바꾸겠다는 노력이 필요하다.

그리하여 진정 좋은 여행은 여행하는 나라만이 아니라 모국의 상황을 이해하는 감각도 민감하게 연마시킨다. 통상 외국어 능력이 모어 활용 능력에 제약을 받듯 여행지의 고유한 맥락으로 들어서기 위해서는 모어 문화에 대한 입체적인 이해가 요구된다. 여행의 진정한 미덕은 낯선 세계에 다가가는 만큼이나 자신 속으로 들어가도록 이끌어주는 데 있다. 그리고 이 두 가지 일은 언제나 함께 발생한다. 그러려면 여행에 관한 표현은 낯선 세계를 섣불리 바깥에서 실체화하는 문화특수론을 거부하는 동시에 자기 안으로 손쉽게 끌어오는 보편주의적 서술도 경계하는 이중 과제 안에서 건져 올려야 한다. 그때 여행은 물음의 과정이자 배움의 형식이 될 수 있을 것이다.

돌아오다

이제 한국으로 돌아갈 시간이다. 짐을 꾸리고 여권을 챙긴다. 여권은 그 중요함에 비하건대 참 가볍다. 만약 다른 사람이 내 여권을 본다면 거기서 무얼 알 수 있을까. 여권에는 생년월일, 성별 등 몇 가지 생물학적 사실만이 적혀 있다. 내가 무엇으로 밥벌이를 하는지, 누구와 어떤 활동을 하는지, 어떤 희망을 가지고 살아가는지는 적혀 있지 않다. 대신 또 한 가지 알 수 있는 게 있다. 여권에 찍힌 도장들은 여정의 흔적으로 남아 있다.

한국에서 나오기 위해 여권을 들었을 때 나라는 존재는 잠시 이름과 국적, 생년월일 그리고 주민등록번호 등 최소한의 맥락으로 축약되었다. 그렇게 한국을 떠나 한동안 학생, 연구원 등의 사회적 신분을 내려놓고 지냈다. 내가 한국에서 무엇을 했는지는 바깥에서는 그다지 중요하지 않았다. 나는 그저 여권에 적힌 생물학적 존재, 그 이상이 될 수 없었다. 하지만 대신 생물학적 사실에 여정이 입혀졌다. 이제 생물학적 사실은 그대로고, 날인의 흔적만 늘어난 여권을 가지고서 다시 한국으로 돌아간다. 당분간 여정을 말해주는 도장은 늘어나지 않겠지. 그리고 나라는 생물학적 존재는 다시 묵직한 사회적 관계들로 뒤덮이겠지.

만성적 고향상실증. 이 말을 마음에 품고서 이번 여행을 떠났다. 레비스트로스는 인류학자의 작업 조건이 그/그녀를 오랫동안 자기 사회로부터 떼어놓고 또한 환경의 변화에 시달리게 만들기에 인류학자는 만성적 고향상실증을 겪는다고 말했다. 어느 곳도 결코 집처럼 느끼지 못하는, 심리적인 불구의 신세로 남는다는 것이다.

여행을 떠나는 마당에는 아픔이 서려 있을 이 표현이 동시에 낭만적으로 느껴졌다. 이 말에서 방랑자를 떠올렸다. 멈추지 않고 경계를 넘어가는 존재. 외로움은 자유의 대가이리라. 하지만 당시는 그다지 주목하지 않았던 문구가 이제야 마음을 더 때린다.

그저 정처 없이 돌아다니는 나그네는 만성적 고향상실증을 경험하지 않는다. 고향 상실을 아픔으로 경험하지 않는다. 그것이 아픔, 즉 정신의 고뇌와 육체의 통증이 되기 위해서는 그 여정 끝에 자기 사회로 되돌아오겠다는 의지가 필요하리라. 자기 경험의 자명성과 자기 사고의 관성을 의심하는 노력을 거듭해 여행자는 다시 자기 사회로 돌아온다. 그때 여행자

는 자기 사회로 되돌아오지만 떠나기 전과는 조금 다른 곳에서 자기 사회와 만나게 되리라. 그리고 여행의 사고는 돌아와서도 지속될 것이다.

다른 사회가 우리의 사회보다 낫다는 사실을 알게 되면 우리는 우리 자신의 사회로부터 소원해질 수 있다. 이 사실은 우리의 사회가 절대적으로 악하다거나 혹은 다른 사회가 악하지 않다는 것을 의미하지 않는다. 차라리 우리의 사회는 우리가 뛰어넘어야 하는 유일한 사회라는 점을 드러낼 뿐이다.

사진을 편집해주신 윤성진(사진세계) 님께 감사드립니다.